大展好書　好書大展
品嘗好書　冠群可期

大展好書　好書大展
品嘗好書　冠群可期

家庭醫學保健

6

夫妻前戲的技巧

笠井寛司／著
陳蒼杰／譯

前　言

重視性的書籍，除了印度性典之外便找不到了

從太古的洪荒時代開始，地球上各個人類的族群，因為地域以及時間的差異，而創造出各種不同的文化。不管文化是呈現何種形態，都和人類的性有所關連。不知道從什麼時候開始，人們將一些根植於文化中有關性的記錄，逐漸流傳給後代。

今天一些被稱為「性典」的書就是這類的記錄。性是所有人類的職責之一，但是因為各種文化的不同，所以也呈現各種多樣的形式，在我們翻開「性典」之後便能清楚地了解。

這些被稱為性典的記錄，大致上可分為兩種。一種是將性交視為主要的部分，而另一種則不僅列入了性交，更將性交之前的整個過程視為重點。性交是一種連貓、狗都具有的本能，也是一種不需要別人教而自然就會的行動。只有人類能夠賦與性交各種

不同的意義，正因如此，人類在價值觀的認定上，便非常重視性交的過程。

對於過程充分地加以考慮之後才行動，這就是一種男女之間彼此尊重對方的個性和人格的表現。印度的性典既列入了性交，也重視性交前的過程，這一點我覺得是其他性典所看不到的。

性大致上可以分為兩方面。一方面是不管那一種生物都同樣具有的，也就是被稱為本能的部分。這大概是神為了使每一種生物都能繁衍後代，而授與的原始性機能。也就是前面所寫的「連貓、狗都具有的本能」，這是不需要別人教便能了解的性行為。

另一方面，前面所說的「過程」也和本能有關，你必須自己先想過之後，再加上別人的指導才能有具體的理解，這是比較深奧的部分。我們綜觀各種動物，可以說只有人類才具備有這方面的能力。

在太古的洪荒時代，人類的祖先好不容易地出現在這地球上，他們生存在必須面對自然的威脅和其他生物的恐懼之中，性則無疑地僅以繁衍種族為目的。但是人類具有了各種力量之後，便逐漸從「恐懼」中解放，而更加安定地生存。

不管是那一種生物，在種族繁衍方面都是適者生存的。人類自然也不例外，一直到近代這種形態才有些改變，但是只有具備支配族群能力的種族，才能繁衍較多的後代。

隨著思考能力的提升，人類才逐漸瞭解支配族群和種族繁衍是不同的。為什麼會有這樣的變化呢？因為每一個人的價值觀都不相同，人們慢慢體認到必須尊重各人所具有的人格。我們必須知道，人類並不單純地是生物學上所說的動物，更是一種具備人格的生物。

隨著人類漸漸具有人性，前面所寫的性的第二方面便產生了。換言之，單純做為種族繁衍用途的性，已不再限定於此範圍。人類並不像其他動物一般有固定的繁殖期。原則上人類不管在什麼時候、在什麼地方、和什麼人都能性交。這被稱為「全年發情性」，是我們在研究人類性行為時，一個很重要的特點。也就是以享樂為目的占了性範圍的絕大部分。也因為如此，人類在性行為上，個人必須背負著極大的責任。

因為性報導的濫用，前戲也變得統一化

近年來各種報章雜誌及反覆地頌揚性享樂，描述也變得越來越露骨。在這種情況之下不得不令我憂心一個大問題，那就是所謂「性行為統一化」的現象。例如：在愛情的表現方式上變得單純、沒有誠意。一個人的行為，似乎隨隨便便地讓萬人都可以適用。

最近，找我做性訪談的外來患者增加了不少。其中有手術後的個案、剛結婚不久的個案、已經結婚一年以上的個案等等，各式各樣的情況都有。他們並不全都是從外面來拜訪我，有不少是直接打電話到我家來的。

性交不順利是有許許多多原因的。但是其中令人驚訝的是，因為前述的「性的統一化」造成許多人對於前戲有所誤解。

關於前戲的性報導有相當多。你只要稍稍思考一下便能理解「每個人有每個人的方法」這個簡單的道理，但是各種流通的報導不管我們怎麼看，都有統一化的現象。讀了之後，總有一種不照著做，便會和人群脫節的感覺。

原本東方人就不習慣在平常說話的時候，像歐美人一樣加上姿勢和手勢來表達自己的意思。若是我們也像歐美人一樣，在說話的時候摻雜著姿勢和手勢，旁人看起來總是會有一種羞赧的感覺。這就有點像你在大白天時，看到貓或狗露出性器，在衆目睽睽之下交配一般。

東方人把性當作是神祕的。因此，一則報章雜誌的性報導傳揚開來，也不會有任何人去批評指正，而自然地就讓它進入了你的腦海中。

我試圖嘗試是否能稍稍地改變這種風氣，所以選擇了印度性典做為本書的基礎。

所謂印度性典，是以『迦摩須多羅』、『羅地曼迦利』、『阿納迦蘭迦』、『羅地拉釋亞』為四本代表性的作品，一般也將其稱為印度四大性典。由於篇幅有限，無法一本一本地為各位詳細說明。概略的說，這些書籍讓現代人再次地考慮到根植於人格和人性深處的疑慮。

可惜的是，我並沒有看懂古印度的能力。因此，無法直接翻譯原典，但我以一八八七年Richard Schmidt譯成德文的「Kāma Sūtra, die Indische Ars Amatoria, mit Yasrdharas Commenter Jayamangala」以及從一九一〇年至一九二二年所寫的『迦摩須多羅』的解說書「Beitrage zur Indischen Erotik, das Liebesleben des Sanskritvolks nach den Quellen dargestellt von Richard Schmiolt」為基本，並且將一九二一年南印度麥索魯的王立圖書館長K. Rangaswami Iyengar的英譯「The Kāma-Sūtra（or the science of love）of Sri Vatsyayana」譯為日文，以做為參考。

以『迦摩須多羅』為中心的四大性典之中，凡與提高女性快感的前戲有關的部分，我都加以滙集解說，而寫成『夫妻前戲的技巧』這本書。關於前戲，如果你在縱情之時而忘卻了對方的人性和人格的話，就完全沒有效果了，這是最後我所想要強調的。

笠井寬司

目錄

第二章　提高女性快感的前戲技巧　口篇

在插入之前，伴隨著接吻等愛撫的動作，更能使女性得到滿足

第三章　提高女性快感的前戲技巧　身體篇

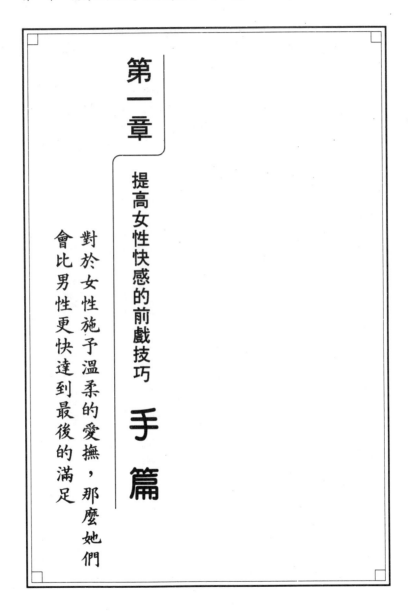

第一章

提高女性快感的前戲技巧　手篇

對於女性施予溫柔的愛撫，那麼她們會比男性更快達到最後的滿足

●對於敏感的性感帶加以「挑逗」，會使女性在生理上和心理上都感到亢奮

有一種說法是：人類和其他動物不同，因為人類使用手而使得大腦特別發達。的確人類的手，特別是手指，感覺非常發達，也能做各種動作。在愛撫異性時，動物是用口和舌頭舔，並且用身體摩擦，相對的，人類在愛撫時，手可以說是一種重要的器具。

使用手來愛撫令人擔心的是，最近的年輕男士，動不動就直接觸摸女性性感帶的敏感部分。關於這一點，充斥於社會的報導以及說明性技巧的書籍都應該負起最大的責任。因為這些「性報導」對於女性的性感帶，大多只是片面地描述讀者感興趣的部分，而刻意地忽略了真正重要的地方。

例如：陰蒂確實為女性最敏感的性感帶，愛撫這個部位的確可以提高女性的快感，這是無庸置疑的。但是，若是因此而在床上一味地愛撫陰蒂的話，女性是否能真正得到快感呢？顯然絕對不會如此。也許反過來會讓女性覺得掃興，也會意外地讓你產生「這個女人真是冷感」這樣的誤解。

不管是那個性感帶，突然受到手指頭強力的刺激，對女性而言，不但不是一種快感反而感覺疼痛。越是敏感的部位，這種傾向就越強烈。而這些觀念，最近的「性報導」卻完全沒有提及。

那麼為了提高女性的快感，到底要採取怎麼樣的愛撫才好呢？要找到這個問題適切的解答，沒有比古印度的性典『迦摩須多羅』更詳細的了。

在『迦摩須多羅』一書中，實際地介紹了各式各樣的愛撫法，包括用手的愛撫、捶打女體、用指甲劃下痕跡等等各種奇特的方法，但是這些愛撫所注重的，一言以蔽之就是「階段性的動作」。更清楚的說，就是由最初大面積的刺激開始，慢慢地縮小刺激的範圍，而後進入到點的刺激。

此外，接觸的部位最初並不限於性感帶，甚至可以從較遲鈍的部位開始，而後慢慢移往較敏感的部位，最後才接觸最敏感的陰蒂和乳頭等部位。

這一點以現代性科學的觀點來看，是極為正確的方法。在某些意義上，這是屬於「挑逗」女性的愛撫法，這種愛撫法很容易地就能提高女性在生理上和心理上的情慾。現代人往往忽略了愛撫的重要，而古印度人卻能清楚地看出這一點，真是令人佩服。

【前戲的技巧1】

對於女體以面→線→點的愛撫燃起她的慾火

剛開始保持著她所喜歡的姿勢輕輕地摟著她，愛撫她的上半身。這樣做的話，她便不會顯露出不願意的表情

迦摩須多羅「獲取女性信賴的方法」

高度的性技巧會帶給女性無限的愉悅

『迦摩須多羅』的基本精神，概略地說就是重視女性的心理狀態和生理狀態，並且研究如何使女性導向極樂，使男女雙方都能共享性的愉悅，進而提昇彼此的愛情。

這本書所介紹的「愛撫術」，無疑地是為了要使男女雙方得到更深的愉悅。一開始便提到「愛撫上半身」乍看之下並沒有什麽特殊的，但其中自有原因。這種愛撫不僅是作為前戲至插入過程的出發點，實際上，這種愛撫也符合了許多後面我將陸陸續續為各位介紹的原則。『迦摩須多羅』一開始就這麽寫著：

《剛開始保持著她所喜歡的姿勢輕輕地摟著她。男性只要稍稍地做這樣的動作，便會使女性的內心逐漸安定。》

這實際上是對一個結婚第十一天的男人所做的說明。詳細的內容在此省略。『迦摩須多羅』中大致上說明了在新婚的十天之內，新郎不要急著去抱新娘，而應該多說一些溫柔的言

詞，以獲取女性的信賴。其理由是，女性都具有較細密的心思，若是急著毛手毛腳的話，她可能便會憎惡這個男人。

這是針對古印度時代，男性一般在婚前都沒有經過交往，便直接與長居深閨的在室女結婚的情況而說明的。這對現在社會中，才剛交往便馬上上床的年輕人來說，可算是語重心長的話了。

時間的長短暫且不論，單就為了使女性獲得真正的愉悅來說，這種漸進的方式是有其必要的。即使面對的是經驗老道的女性，採取「她所喜歡的姿勢」輕摟著她「使她的內心逐漸安定」，這對性交是否順利愉快是有很大的關連的，可惜許多的男性都忽略了這一點。

此外，迦摩須多羅派的做法是先從擁抱開始，這以醫學的觀點來看，是相當有道理的。對於愛撫，一般手指愛撫技巧的書總是指導男性使用手指和舌頭，但實際上在愛撫的初期階段應該不適合用這些技巧。

為什麼呢？因為手指和舌頭接觸的面積小，不管是怎麼激烈的刺激，對於使女性在生理上和心理上達到充分的快感是沒有什麼效果的。簡單地說，這就有如男性的陰莖尚未勃起，卻用手指按龜頭的部分，這不僅沒有快感甚至還會感覺疼痛。女性若是尚未亢奮，你卻用手指和舌頭愛撫她的話，也會有這樣的感覺。

另外，對男性來說他們不僅會在視覺上品評女性，在觸覺上也會有想要觸摸女性的慾望。所以光是用手指和舌頭來接觸，是不能完全滿足這種慾望的。

『迦摩須多羅』中這段不太起眼的文字敍述，其實蘊藏了很深奧的性智慧。例如，在戀愛中的男女牽手的時候，一定不只是指尖接觸，而是整個手掌緊握著對方的手。這就是因為人類在心理上，會想藉著與對方多一分地接觸，及早地掌握住對方。所以戀人往往會以接觸面積較廣的擁抱做為起點。

手的溫暖能夠開放女性的心靈和身體

『迦摩須多羅』告訴我們：

《剛開始愛撫女性的上半身。這樣做的話，女性便不會顯露出不願意的表情。》

擁抱之後，一般都是先愛撫女性的上半身。一下子就伸手觸摸女性腰部以下的部分的話，會使女性驚慌，並且身體也會變僵硬。由身體上半部開始再逐漸將愛撫的手向下移動，這樣會使女性放鬆心情期待下一波的愛撫，並且會感到極度的亢奮。在這種場合時，用整個手掌輕柔地撫摸是最恰當的。

俗語說：手越溫的人心越冷。但是對於愛撫來說，手還是溫暖的較好。不管是任何人，突然被冰冷的手碰觸到身體，都會微顫一下，若是這樣接觸女性的話，會使她的緊張感和警戒心昇高，她便不能盡情地接受愛撫了。一般來說，手掌佈滿了許多血管和神經，是人體中特別溫暖的部分，在愛撫女性之際，這個小細節也是必須注意到的。

用溫暖的手撫摸、摩擦，手的溫度可以促進對方的血液循環，而有提昇整體感覺的效果。在醫學上認為，手掌的溫度實際上是由於毛細血管的擴張所造成的，在觸摸之時會具有使對方心理安定的效用。因此，愛撫剛開始不要用舌頭和指尖，而改用整個手掌會比較好。

【前戲的技巧2】藉著愛撫頭髮使她期待身體也被愛撫

男性從女性的後腦部分，以及雙掌輕拉女性的頭髮

阿納迦蘭迦「外部悅樂的方法」

女性的髮際會感到「快感」嗎？

「頭髮是女人的生命」這句話實在很貼切地形容了頭髮對女性的重要。但是許多男性僅考慮到這個層面，卻忽略了對頭髮的愛撫，實在非常可惜。

最近女性流行剪短髮，但是在印度不管是從前或現在，女性大多是留著一頭烏溜溜的長髮。長髮可以刺激男性產生性的慾望，不僅如此，我們更應該瞭解頭髮亦是提高女性快感的重要部位。印度性典告訴我們應該對頭髮進行積極的愛撫術，正顯示了這些性典的深奧。例如，在古印度性典之一的『阿納迦蘭迦』中，就記述了這麼一段：

《男性從女性的後腦部分，以雙掌輕拉女性的頭髮，同時吻著女性的下唇。這叫做「雙手拉髮法」。》

當然，這裡所說的輕拉女性的頭髮，如果你是用力拉而使女性感到痛的話，那麼這個刺激產生的快感就變成一種恐怖了，快感也會完全地消失。但是如果力量使用得當的話，那麼

「輕拉頭髮」便會是一種有效的愛撫。藉著這個愛撫法，女性會將自己完全交給對方，並且應該會顯現出更亢奮的反應。

為什麼愛撫頭髮女性會覺得敏感呢？當然頭髮本身並沒有神經。但是在髮根下面的網狀部分卻有神經末梢分佈。觸摸頭髮的時候，感覺會傳至神經而進入大腦，大腦便會傳性興奮的訊息。神經遍佈在幾千根頭髮的髮根中，因此這裡存在著無數的感覺接收體，我們可以想像得到它的敏感程度。

我想男性大概都會有這樣的經驗，當你理完髮後店員幫你按摩頭部，你會覺得非常舒服。這也是因為頭皮和髮根的神經被刺激的緣故。

這個所謂的「輕拉頭髮」最好視女性的興奮度而改變刺激的強弱。剛開始拉得較重，之後當她已經達到一定程度的快感時，再改採以指腹按摩頭皮的愛撫法，這樣便可以達到更好的效果。

從耳朵到頸後是頭部的「性感地帶」

為了使快感提昇，在古印度性典『阿納迦蘭迦』中，介紹了下面這段愛撫術。

≪這是男女彼此互相搓揉耳旁頭髮的愛撫術。在愛撫的過程中，男性用雙手搓揉女性耳上的頭髮，女性也同樣地對男性這樣做。≫

這是說男女面對面，彼此搓揉對方耳上部分的頭髮。現代人已經逐漸遺忘了這種愛撫方式。當然，這裡所說的搓揉是相當輕的，這種愛撫方法，以性科學的立場來看是很容易理解的。因為耳朵的周邊，正是極度敏感的部位。

從耳朵內側到頸後，再從頸後到腦髮際的這個區域，是每個女性都非常敏感的部位。因為這些部位都有許多體毛，而每根體毛的根部都有一個相當敏感的感覺接收體。所以愛撫這個區域時，女性會感到高度的快感。

搓揉耳上的頭髮時，當然也會牽動到這部分的頭皮，而將這刺激傳至前述的區域。這種做法是以碰觸周邊部分，來傳遞刺激給中心部分，在女性尚未達到十分亢奮的愛撫初期，這種「周邊刺激」是非常有效的。

當女性的興奮度已經達到某種程度時，不用前述搓揉的方法，而改用手指梳弄她從耳上到頸後部分的頭髮，這樣也是可以的。甚至也可以反方向從頸後到耳上向上梳弄她的頭髮。藉著這種小小的技巧，也許能夠意外地使女性產生更激烈的反應。

我們所說的這種對頭部側面以及後腦部髮梢所做的刺激，可以用其與大腦之間的關係做一個說明。在大腦中有許許多多控制快感的組織，而從後腦到耳部的這一個區域，正是距離這個組織最近的部位。所以直覺上，頭髮和頭皮就是一個感覺接收體。自古以來不僅在印度，許多地方都以頭髮作為色情的象徵，這是可以理解的。

觸摸頭髮會使女生興奮，在心理層面的因素

前面所提到的對頭髮的愛撫，都是關於肉體層面的對於提高女性的快感上，心理層面的因素也是不可或缺的。

女性的頭髮被自己所喜歡的人觸摸時，會覺得很高興，但相反的，被所討厭的人觸摸，則會感到極度的嫌惡。例如，在擁擠的公車中，如果前面女孩子散亂的頭髮妨礙到你，而你用手把她的頭髮稍微撥開的話，你一定會遭她的白眼。

根據長久居住在大都市的民衆指出，在尖峰時間的車廂內，你的手不小心碰觸到女性的臀部時，她們並不會有什麼反應，可是只要是碰觸到她的頭髮的話，十個人中會有十人表現出強烈的不悅。

女性會有這樣的反應，有一個現實上的理由是，也許她覺得前者是不小心碰到的，而後者則是刻意的騷擾。但真正的原因絕不是僅此而已。

為什麼女性會如此地守護她的頭髮呢?女性很重視頭髮，這大概和頭髮被視作女性愛慾的象徵不無關係。例如，只要髮型一改變，這個女性給人的印象也就截然不同。做個誇張一點的比喻:就像是從一個連公貓都不讓牠接近的貞節烈女，轉變成到處引誘男人的豪放女一般。

「女人的頭髮可拴象」這是源自佛典中的諺語。它說明女人的頭髮發揮魅力時，連一隻巨象都能拴得住。

當女性知道了在男人的眼中，頭髮已被視為肉體的延伸之後，在心理上，便開始排斥自己不喜歡的人觸摸自己的頭髮。反過來說，女性允許你觸摸頭髮的話，便會允許你觸摸她的整個肉體。

此外，雖然女性將頭髮視為神聖之物，另一方面，頭髮亦給人一種不潔之物的印象。最近流行所謂的「晨浴」，也就在每天早上出門前對頭髮做淋浴，這也是因為在心理上殘留了頭髮是不潔之物的印象，而產生的行為。

從醫生的觀點來看，實際上頭髮確實會留有許多灰塵和油垢。因為頭髮是如此地不潔，所以女性不願意異性去觸摸頭髮，但是相反的，如果異性的手溫柔地撫摸她的頭髮的話，她還是會感到深深地喜悅。

瞭解了這一點後，當你在愛撫女性的頭髮時，儘可能溫柔地刺激使女性放鬆心情，是有必要的。一邊溫柔地撫摸她的秀髮，一邊用手搓揉頸後，並且輕吻她髮際的體毛，使用這樣的愛撫，必然會提高女性的快感。用手搓揉並且親吻她的秀髮，這樣做也是可以的。

【前戲的技巧3】對背部的愛撫，是對乳房愛撫的前戲

男性讓女性背對著坐在自己的腿上，用拳頭捶打她的背部

迦摩須多羅「愛打與呻吟」

背部隱藏著性感帶

談到背部，因為是光溜溜的一片，所以常讓人覺得是較不敏感的部位。這裡不像身體的正面，有乳房、肚臍等可以明確撫摸的目標，所以常會覺得不知從何摸起。因此有不少男性會忽視了對女性背部的接觸。

但實際上，背部隱藏著性感帶，是愛撫時重要的部位，這絕非言過其實。背部有一些地方我們自己的手不容易摸得到，所以幾乎沒有被手指碰觸的機會。這裡可以說是防備不到的部位，為了保護身體不受外界的侵襲，這個部位會變得對刺激極為敏感。所以當這裡被異性的手觸摸時，對女性來說會感受到很大的刺激。

事實上，當背部被觸摸時，許多女性會覺得很癢。而會有扭動身體的反應。因為背部非常地敏感，平常鮮少有碰觸的機會，刺激這裡應該會有非常新鮮的感受。

『迦摩須多羅』中有如下的記述。

《男性讓女性背對著坐在自己的腿上，用拳頭捶打她的背部。》

感情和睦的男女坐在床上，男性讓女性坐在他的腿上。就像是為工作勞累的對方捶一捶肩膀一樣地，用拳頭捶打女性的背部，這就是『迦摩須多羅』所說的方法。

有人在背後，會帶給女性不安的感覺，但是性交時男性在背後愛撫她的背部，因為看不到他所以不能預料下一個動作是什麼，這樣反而變成了提高興奮的要素。

愛撫背部，在『迦摩須多羅』中並沒有指定是那個位置。背部其實也有性感帶分布，這是許多人所不知道的，在醫學上也確認愛撫背部的效果非常好。我想具有優秀愛撫技巧的古印度人，應該知道那個位置是女性的性感部位，但他們僅以此來挑起女性的強烈反應，並沒有做詳細的解說。現代人往往忘記了去對背部愛撫，在此我想以現代性醫學的立場來加以解說，並強調背部的重要性。

用指頭像彈鋼琴一樣地對背骨砰砰地捶打

愛撫最有效的部位，是胃的下側。以解剖學來說，正確的位置是在肋骨下方的腰椎部分因為靠近子宮，藉著對子宮的刺激而產生了性興奮。用拇指緊壓這個地方，會讓女性感到疼痛和恐懼，所以應該用手掌大面積地給予輕柔的愛撫。這時若是將手掌貼著女性的腰椎部分，並由手腕施予忽強忽弱的力量，應該會更增加女性的快感。

當然，女性的快感會因個人而有所差異。缺乏經驗的女性也許只會覺得癢；而性成熟度高的女性，在按摩她肩膀時，會使她有安全感也會引起她的性快感。

即使是性成熟度低的女性，在這種愛撫時，也會充分地表露出興奮程度的昇高。

此外『迦摩須多羅』所說的，讓女性坐在膝蓋上愛撫，但是也沒有必要一定侷限於此。緊緊地抱著女性，再緩緩地舉起手來拍捶，也是可以的。這樣做的話，女性應該會緊緊地依偎著男性哦！

提到背部，背骨可以說是重要的性感帶。從背骨末端的性感帶一直到大腦，有許許多多的神經通過，所以刺激這裡，可以說是對中樞神經的直接愛撫法。

用指尖對背骨由下而上地撫摸，這是我們所熟悉的技法。這種作法非常有效果，但稍微讓人覺得過於單純。在此我們就以『迦摩須多羅』所介紹的捶打法來試試看。

當然，如果是用拳頭來捶打，刺激就太過強烈了。但是只用指尖來接觸的話，即使用稍強的力量，應該也不至於讓對方感到疼痛，但是無論如何還是要留意女性的反應，而斟酌捶打的力量。

有一個要領是，你把指尖當作是在彈鋼琴一般，這樣的碰觸應該就很恰當了。這就好像是沿著琴鍵彈著單音，而非彈著連音。儘可能連續以點的刺激來使她滿足。

這同樣地也是以由下往上的方式效果比較好。但是，也不必拘泥於單方向，這次由下往上而下次由上往下，也是可以的。重點就在於要有節奏地給予忽強忽弱的刺激。東方醫學認為，沿著背筋有許多可使精力增強的穴道，在這一層意義上，也許這種愛撫術會產生意料之外的指壓效果。

亢奮中的女性，被捶打也會覺得愉悅！

對於『迦摩須多羅』中所說的「捶打」，有些人總覺得不太實際。的確，許多女性在剛覺得亢奮的時候，若是突然給她強烈的刺激，快感就會變成疼痛，甚至會變成一種恐怖。

前面標題引述的句子，是「愛打與呻吟」這一章所寫的。所謂「愛打」就是用手掌或拳頭刺激女性身體的愛撫法。但是『迦摩須多羅』中，也特別說明了給女性強烈的刺激，可能會造成反效果，所謂捶打的愛撫法應該是要在男女雙方都極度亢奮的狀態下進行。也就是說，『迦摩須多羅』一書亦不希望在前戲的初期階段，就使用這種愛撫法。在女性還沒有達到一定的亢奮程度時，給予較為輕柔的刺激是有必要的。

你只要讀了「愛打與呻吟」這一章，就會對『迦摩須多羅』對「性」的深刻洞察力感到興趣，下面是這本書的另外一段：

《男女的性交原本就像爭吵和打架一樣，是互相爭鬥的。因此，男性有時會因為過於興奮而捶打女性的身體。》

這是一個實際而且重要的見解。性交可以看作是愛情的表現，另一方面『迦摩須多羅』則從另外一個角度使我們知道，性交也是一種男女慾望的鬥爭。男性為了支配女性而激烈地攻擊；女性則接受男性的支配，享受被虐的快感。這種施虐與受虐的心理，並不特殊，以男女的性愛心理來講，這是很普遍的。

也就是說，所謂的性交就是具有爭鬥性的。因此，在極度亢奮時拍打對方的身體，『迦摩須多羅』認為，這當然也是性愛技巧之一。所謂「打」「拍捶」，在某些意義上似乎是屬於動物的行為。但是，『迦摩須多羅』中敢這樣寫，我想這本書是想告訴大家，性交是基於男女的相互信任而進行的行為。

『迦摩須多羅』中，記載了在南印度有人因為過度地捶打，而將女性殺死的例子，提醒人們以此為戒。的確，所謂的捶打有一點閃失的話也許就會喪命。但是，會接受這種行為的人，一定對對方非常信任，而捶打的人，則因對方不排斥自己這麼做，而會對她更為信賴。總之，性交若是兩人不確定彼此的愛時便不能進行，反過來說，在確定了真心相愛之後，不管是怎麼樣的行為，都可以隨心所欲了。

當然，這裡介紹捶打對方身體的方法，並不是鼓勵真正的施虐與受虐行為，而是為了使男女在心理上得到徹底的滿足感。實際上這不僅有心理上的效果，亦可以得到肉體上的快感，由此的確可以看出古印度人的智慧。

【前戲的技巧4】要使乳房產生快感，在搓揉之前先用指甲輕輕地刷

併起五根指頭在乳房的表面向乳頭輕抓的話，會留下淺淺的抓痕

迦摩須多羅「指甲愛撫和抓痕」

要提高快感，用指甲做「線的愛撫」相當有效

觀察一下男女在床上的行為，幾乎都是一些幼稚的動作。「舔」「吸」「吮」「摸」……這些都是乳幼兒時期所特有的本能行動，但是，這些動作又原原本本地出現在大人的床上行為中，實在相當有趣。性交中的「搔癢」「捏擰」等行為，也好像幼兒在玩遊戲一般。『迦摩須多羅』把這些行為視作性愛技法，而大量地記載。

例如，在「指甲愛撫和抓痕」這一章中，就這樣地寫著：

《併起五根指頭在乳房的表面向乳頭輕抓的話，會留下淺淺的抓痕。這抓痕叫做「孔雀的足跡」。》

這是說男性跨騎在女性身上，用指甲在乳房上留下抓痕。把這種抓痕稱作「孔雀的足跡」，實在是印度的一種戲謔的說法。關於在女性身上留下抓痕的做法，我不太敢苟同。但是這種愛撫以遊戲的眼光來看，確實對提高女性的快感相當有效。

對於女性的快感和刺激面積的關係，先前已經略為提到過，當女性覺得興奮時，使用指甲之類接觸面積極小的愛撫法，使刺激尖銳化，應該能夠產生更高的快感。

有些女性當她被指甲尖端愛撫時也許會覺得癢。但是，這是尚未亢奮時才會有這樣的感覺，一般來說，在覺得亢奮時，儘可能使用單位面積較小的線和點的愛撫，這樣才能一舉奏效，把女性導向快感的顛峰。如果在愛撫的最初，光是被指甲刺激便能感受到快感的話，就表示她的性感覺已相當的成熟。對於這樣的女性，用指甲忽強忽弱地愛撫也會帶給她很好的刺激。

另外，就攻擊的部位而言，胸部最敏感的部位就是乳頭了。但是，這種愛撫僅止於用指甲的尖端在乳房上向乳頭的方向輕抓而已。因為沒有對乳頭直接刺激，所以會產生期待更敏感的部位被愛撫的「逗弄效果」，使女性的快感逐漸昇高。

在印度四大性典之一的『阿納迦蘭迦』中，也可以見到與此類似的愛撫。

《拇指貼在乳頭上，四個指頭並列在乳房部分，突然地往上抓。這叫做「孔雀的爪」。》

這個作法是用拇指刺激乳頭，也進一步地刺激乳房。乳頭的快感再加上用指甲對乳房尖銳的刺激，使快感更加提昇。在此要提醒你注意的是，用指甲前端抓傷女性的這類愛撫還是不要做比較好。不妨代之以「搔」或是標題所寫的「輕刷」的方法。

若是給予女性會感覺疼痛的刺激，她的快感就會消退，那麼前面所做的一切也就白費了。此外，以醫生的立場而言，抓傷的部位會使病菌侵入，所以這樣做只有壞處沒有好處。

對於這些『迦摩須多羅』中這麼寫著：

≪男女在彼此熱戀中時，會用指甲輕抓對方的身體。但是，抓並不是一種普通的行為，必須要男女雙方對性交都抱著高度的慾望才能使用。≫

也就是說，用指甲輕抓女性，未必會引起興奮。應該視女性的喜好以及慾望的強度，來改變愛撫的方法。因此，用指甲對乳房刺激時，並不是要抓到受傷的程度，直線地滑動指甲，決定點部位之後做尖銳的點狀按壓，給予她很尖銳的刺激，這一點是很重要的。

因快感的通過而起「雞皮疙瘩」

談到拍打，在『迦摩須多羅』中就介紹了「用指甲摩擦下腹部、胸部等部位，使體毛倒豎發出聲音」這種珍奇的愛撫術。

所謂體毛發出聲音，未免過於誇張，但體毛倒豎的感覺，我們卻很容易理解。若要以文字說明的話，這大概是一種介於癢與舒服之間的感覺。換句話說，我覺得這是一種以搔癢來攻擊女性的方法。

附帶一提的，在這本書中，有這麼一段注釋「這是在當你搓揉處女的身體、揪扯她的頭髮，而令她困窘、驚嚇的時候使用」。簡單地說，當對方是性經驗不足的未熟女性時，搔癢戰法可以使對方鬆弛身心。有關困窘、驚嚇的記述，似乎讓我們感受到了嬉戲的氣氛。『迦摩須多羅』中針對這種搔愛撫，有清楚的記載：

《併起十根指頭。對女性會感覺癢的部位（臉頰、乳房、嘴唇等），劃出淺淺的抓痕。》

這種接觸因為非常輕，所以不至於傷到女性的肌膚。因此，書中寫著這種愛撫的目的是「抑制全身的戰慄感」。所謂的戰慄感是我們常聽到的字，簡單地說是因為覺得恐懼而使皮膚起雞皮疙瘩。

也就是說，利用指甲尖端的技巧，使女性全身起雞皮疙瘩，而產生癢和舒服的感覺。當然，易癢的部位除了臉頰、乳房、嘴唇以外，還有背部、臀部、下腹部等許多部位。這種癢的感覺隨著女性興奮的昇高，便會逐漸變成快感。

由這些描述，可以看出這本書對指甲考慮之周密，在讀了之後自然會產生深深的興趣。這種狂熱地將指甲的刺激，分為各種模式來討論的作法，沒有快樂的態度便無法掌握到性愛的遊戲感覺。對於動輒禁慾的東方人來說，『迦摩須多羅』的這種遊戲感覺，有許多可供我們學習的地方。

『迦摩須多羅』中對於指甲愛撫如此地留意，真是令人意外。書中僅是介紹指甲的部分就占了一章，我懷疑這是因為印度人對指甲有一種戀物崇拜的心理，使得他們進一步地去考慮指甲愛撫如何具體地去做、要在什麽地方留下抓痕等。

例如：「在下巴或是乳房留下彎曲的抓痕稱為『半月』」、「在肚臍下、臀部、股關節留下兩個相對的『半月』抓痕稱為『滿月』」、「在身體的各個部位留下直線的抓痕稱為『直線型』」、「將彎曲的『直線型』抓痕留在胸前稱為『虎爪』」、「在胸部或腰部留下有如蓮葉狀的抓痕稱為『蓮瓣』」等等。

包括前面所介紹的「孔雀的足跡」，當看到這些描述時，我們東方人可能會覺得不可思議，而懷疑這種作法是否真的適合在女性身上進行。

的確，『加摩須多羅』雖然滙集了所有性交技巧之大成，但是前面所說的愛撫術並不是很先進。不過『迦摩須多羅』為我們的想像注入活力，隨處都表達了獨特的想像力以啟發性生活，這一點是有很大的意義。例如，如下的這段描述：

≪即使經過了長久的時日，女性看到自己身上所留下的抓痕時，便會想起她和情人的感情。如果訂下了愛的契約，卻沒有可以讓她想起情人的抓痕的話，不久這段感情就會漸漸地消失。≫

也就是說，抓痕被當是「愛的紀念」，我對這樣的描述感到有些驚訝。對於盲目地追逐物慾快樂的現代人來說，『迦摩須多羅』的這種精神性，的確有許多足以學習的地方。這有點像是被當頭棒喝的感覺。

【學習印度性典中提高愛撫效果的方法】

●將女性導入極度亢奮的活塞運動之作法

一般所說的活塞運動，是指插入後的身體律動而言。但是不管腰部怎麼樣激烈地扭動，這種單調的動作仍很難使女性達到高潮。因為單調的刺激會使女性的感覺逐漸痲痺。『迦摩須多羅』中也寫著「配合女性的喜好和性慾的強度，或急或緩地抽插」，告訴人們切忌單調的活塞運動，另外還教了九種技巧，在此做個介紹：

①僅用陰莖的前端在陰道內抽送。
②慢慢地插入陰道中後，握著陰莖的尾端，做似乎在攪拌內部的動作。
③將腰放低，用陰莖頂陰道的上部。
④將腰抬高，以陰莖摩擦陰道的下部。
⑤將陰莖向上頂，並做短暫的停頓。
⑥將陰莖向外抽，再用力地插入。
⑦用力頂陰道的上下方。
⑧用力頂陰道的左右方。
⑨將陰莖一點一點地改變角度頂，使女性保持著快感。

【前戲的技巧5】以三根手指尖刺激乳頭，反應最激烈

併起食指、中指、拇指，用這三根指頭對女性的胸部向下拍打
迦摩須多羅「愛打與呻吟」

從「面」到「點」的刺激引起快感

用手掌對乳房搓揉，在女性達到一定程度的興奮時，為了使刺激更加尖銳化，可以用指頭和指甲進行愛撫。以刺激面積的觀點來看，用手掌來撫摸的愛撫法，屬於「面的攻擊」，以指甲和指尖刺、敲，則屬於「點的攻擊」。「面」和「點」當然刺激的強度不同。給予點的攻擊以縮小受刺激的表面積，很容易便會使女性得到更尖銳的感覺。

前面所說的用指甲來刺激主要是對乳房。在此針對更敏感的乳頭愛撫做一個介紹：

《併起食指、中指、拇指，用這三指向下拍打。這稱為「楔子」。》

這是『迦摩須多羅』中「愛打與呻吟」這章所記載的。所謂「愛打」似乎會給人一種充滿暴力的感覺，但是就如同前面所說的，這一章主要就是為了說明如何給予高度亢奮的女性強烈地刺激。

而這一段記載告訴我們，併起三根指如同楔子一般，然後以此拍打女性的胸部。

這裡所說的「胸部」就是指乳房而言。在給予尖銳化的刺激這一層意義上，可以說是一種獨特的愛撫法，但我們不禁會考慮到，對乳頭是否也適合這種刺激。當然此時所給予強烈的刺激。當女性有排斥反應時便應立即停止。我想輕輕地拍打應是較好的作法，如此能驟然使女性燃起快感，而使產生乳房前挺、身體扭動的反應。

對整個乳房不斷地撫摸、戳刺，漸漸地快感便會麻木稍微改變這種愛撫法，會使女性感受到前所未有的不同刺激。此外，拍打的動作會不斷地產生刺激，使女性一下子就燃起高漲的慾火。

這時當然要視女性的反應，來調整拍打的節奏，這個技巧是很重要的。即使不斷地用同樣的節奏拍打、按壓，做連續「點的攻擊」，女性也會馬上馴服於這種刺激。

男性享受愛撫，才能將女性導向快感的顛峰

也許有讀者會察覺到，併起手指刺激乳頭時，因為手指是併在一起的，所以指甲能給予乳頭前端刺激。『迦摩須多羅』中的「指甲愛撫與抓傷」一章裡面，介紹了所謂「兔的跳躍」愛撫法。

《用五根指頭的指甲愛撫乳頭。這僅限於女性希望的情況下使用。》

換言之，就是併起五根指頭，用指甲的尖端輕輕地戳。當然這會帶來相當尖銳的刺激，

但是我一再地強調，絕對不要使力太強使女性受傷。

『迦摩須多羅』把這種愛撫留下的痕跡稱作「兔的足跡」，這指的是在女性乳暈部分留下的抓痕。換句話說，就是在乳頭的周圍留下五個抓痕。但是，這以現代的性科學來解釋的話，會在乳暈留下抓痕，一定是指甲用了非常強的力量，因為這裡是相當敏感的部位，這麼做的話一定會使女性相當地痛。

像遊戲般輕刺則無妨，但是這種程度以上的攻擊，就必須要控制了。特別是在生理日之前，女性的乳頭會變得特別敏感。有的人在那一天，乳頭會痛得連胸罩都無法戴上。一般常用的愛撫術，是以手指揉轉或捏乳頭，我覺得連這樣也不要做比較好。

重點是當你看到女性已經被指甲和指尖刺激得相當亢奮時，再進行單點刺激是非常有效的。在女性尚未達到高度的亢奮時，使用這種愛撫只會使女性疼痛，而覺得掃興。

這種作法深深地讓我佩服印度人想像力的豐富。所謂「兔的跳躍」真是說得妙極了。在女性的肌膚上，五根指頭像兔子一般跳躍的樣子，似乎清楚地浮現在眼前。

當然這就好像小孩子看到飄在天空的雲而叫著：「啊！變成麵包的形狀了」一般。但是，在刺激乳頭時，看到手指的跳動，而用「兔的跳躍」來形容，這是我們所沒有的想像力。光是從印度人對命名的想像力來看，我想他們是大方地把「性」當作一種應該快樂的事。

愛撫是雙方都應該感到快樂的。有些人相信愛撫只是為了使女性舒服的一種技術，但是這卻不是很正確。

讀了『迦摩須多羅』之後，你便會瞭解在女性感到快樂的同時，愛撫的男性也會感到快樂。這本書大概也是為了表達這種思想而寫的。

有被撫摸的快樂，當然也會有撫摸的快樂。但是，因為受到了「愛撫術等於就是為了女性而做的」這樣的傳統觀念，享受愛撫變化的空間，也許就不存在了。此外，這種空間，並不僅是為了將女性導向快感的顛峰的。

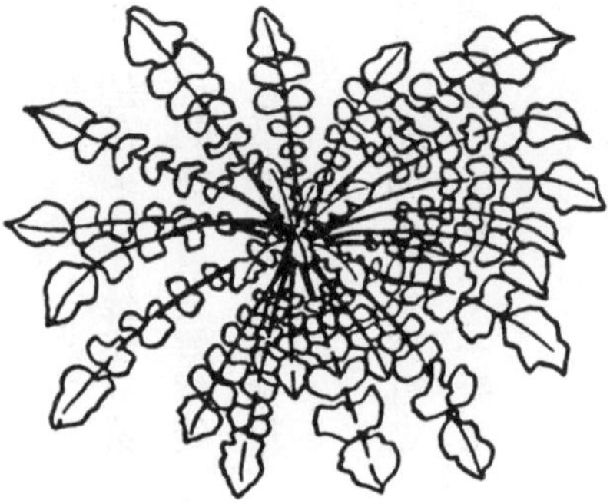

【前戲的技巧6】乳房的快感和下唇的快感相互提昇

一邊輕撫雙乳，一邊輕咬下唇

羅地曼迦利「女性性悅的特點」

同時愛撫許多部位可以提高快感

≪一邊輕撫雙乳、一邊輕咬下唇，引誘蓮女的歡欣。≫

≪用力地親吻頸和手，並且偶爾用手玩弄乳房，得到彩女的感情。≫

這兩段話是古印度四大性典之一的『羅地曼迦利』其中的一節。

這是教導男性在親吻女性時，也同時輕撫、玩弄乳房。

這段記載不僅介紹了具體的方法，也告訴我們愛撫時不要僅針對一個地方，而應該對兩個或是兩個以上的地方同時進行比較好。特別是在身體之中，手是最能自由活動的部分，所以在愛撫女性時，要充分地靈活運用。我國自古以來就有「兩面夾攻」、「三面夾攻」的說法，這在現代性科學上，其效果值得提倡。

有經驗的男性就應該知道，當男女擁抱在一起接吻時，女性性慾高脹後，便開始恍恍忽忽地喘息著。這時再伸手揉弄乳房的話，女性會更加地呼吸急促，整個身體會呈現亢奮的反應。若是更進一步地同時愛撫多個部位，效果會雙倍增加。愛撫是由擁抱、接吻開始，這時所謂的多個部位，是指同時對乳房刺激而言。

這個時候，略微變化和搓揉乳房的方式，是非常重要的。變化對嘴唇的愛撫，會增加女性的快感，再進一步變化對乳房的刺激，將會使女性更加亢奮。

對愛撫產生的反應，依女性的性成熟度而有所不同

前面已提到過，同時愛撫女性兩個部位以上，會使快感增加。而對刺激的感覺會因女性的性成熟度而有所不同，對於性經驗豐富「性成熟度」高的女性，同時做多部位的刺激的確很容易使她亢奮。

因此，男性方面有必要先認清對方對性到底成熟到什麼程度，再進行愛撫。但是從外表並不容易看出女性的性成熟度及性的完成度，對於初次上床的男女來說，就更難判斷了。

但若在接吻時，伸手去愛撫女性的乳房的話，由她的反應情形便可以看出。男性對於性具有主導的立場，因此在接吻時也有必要細心地觀察女性的反應，而後再進行愛撫。

如果你用手搓弄乳房，她的反應是露出一副不悅的表情的話，你便不能強迫她做進一步的行為。若你硬要愛撫她的乳房，只會使她厭惡，而不能真正進行魚水之歡。遇到這種女性

，面對兩人今後的性生活，男性有責任慢慢地引導女性使其在性方面逐漸成熟。

反過來說，如果親吻身體、揉撫胸部，她會有相當的反應時，這便可以判斷她對性已非常成熟。

此時，將愛撫整個乳房改為刺激最敏感的乳頭部分，會誘導她進入更深一層的快感。

附帶一提的，有人會覺得乳房越搓揉就越豐滿。的確給予乳房刺激，會使乳房略微增大。但是這所謂的大也只是程度上的問題，即使真的增大了，也不會慢慢地往前突出，反而會逐漸地下垂。

因為人會受地心引力的影響，好不容易增大了些，結果卻是令人失望地下垂。所以在愛撫乳房時，如果總是習慣性地揉弄一邊的話，以後乳房就會變得不對稱，所以還是請你「平等」地去愛撫吧！

【前戲的技巧7】給予臀部輕輕地律動，就會產生甜美的快感

用手掌按住臀部輕輕震動，愛神便會甦醒了

羅地拉釋亞「快感」

刺激骨盤神經會更加提高快感

關於對女性臀部的愛撫，古印度性典之一的『羅地拉釋亞』這麼寫著：

《第十天時親吻臉頰，並且用指甲輕搔頭部，當左手輕輕震動臀部時，愛神便會甦醒了。》

這是在「快感」一章中所寫的，是針對較保守的人的快感所做的說明。書中告訴我們，在剛結婚和新娘共處的十五天內，不可以失去風度地對她強加愛撫。也就是說，在前十五天絕對不可進行性交。當然以我們現代人的常識來看，等待二個星期才圓房未免有些不合情理，但是我們必須考慮到，古印度人的觀念認為，愛撫必須是非常費時費事的。

前面括號內的句子有提到所謂的「第十天」，這是考慮到在這個時候，處女心理上的緊張應該已逐漸消除，並且處於相當興奮的狀態。所以『羅地拉釋亞』告訴我們，這時候用震動臀部的方法。所謂「愛神」，是指女性的快感而言，當女性逐漸對刺激有敏感的反應時，

就用這個方法。如此一來快感便會產生，而且會逐漸昇高。

『羅地拉釋亞』中的這個方法，並不屬於一細密的接觸，但是以現代醫學的角度來看，在這種場合用這樣的方法的確效果最好，因為它刺激了仙椎部分。所謂「仙椎」是指尾骨上方附近的板狀骨塊而言，用手掌輕輕震動的就是這個部位。這裡的肉很少，如果用手指捏的話，會使女性非常痛而心生恐懼，所以用手掌輕輕地震動效果比較好。

用比較專業的角度來說，仙椎位於骨盤的後側，這附近有許多自律神經和痛覺神經等骨盤神經的傳達網路經過。第一仙椎、第二仙椎、第三仙椎是骨盤神經的出發點，骨盤中的臟器（子宮、卵巢、陰道、直腸等）對於外界的刺激以及生理的反應，都是集中在這裡而傳達到脊椎的，因為這裡滙集了許多神經，所以應該避免做強烈的刺激。用手掌按住臀部，不時地震動仙椎給予她輕柔的愛撫，此時大部分的女性，都會更加依偎在男性的懷中。

刺激仙椎會產生快感的不只是人類，像貓也會如此。貓的仙椎部分是在尾巴的根部到背部，拍打這裡的話，牠便會很舒服似的慢慢翹起屁股。這和發情期毫無關係，不管你什麼時候這麼做，牠總翹起屁股豎起尾巴露出性器來。貓並不知道「我現在正在愛撫你哦！」或是「現在開始你會很舒服哦！」這些話。但是，只是一些輕微的刺激便會產生這樣的反應，這就可以看出刺激仙椎會在骨盤內產生快感。

從背後插入之前的珍奇愛撫法

說到對臀部的愛撫，用手掌按住臀部輕輕地震動，這個方法非常有效。這是由肌肉方面得來的愛撫術。

以男性來說，對臀部和大腿內側突然用力，陰莖便會勃起。這是因為臀部有一塊稱為臀肌的肌肉，連接著肛門、陰莖以及陰道的肌肉。女性在自慰時，臀部和大腿內側的肌肉會緊繃，這是因為女性在興奮中陰道和臀部的肌肉同時收縮的緣故。

這麼一想的話，讓女性俯臥愛撫她的背後時，突然用手掌捏她臀部的肌肉，這種震動自然會傳到她的性器。這可以說是間接地對性器和肛門刺激。有時可以抬起女性的臀部，和前述對仙椎刺激的愛撫法配合使用效果也很好。對神經直接刺激，並且也對肌肉間接刺激，應該會使女性產生複雜的快感，而享受到前所未有的愉悅。

女性俯臥著翹起臀部的姿勢，是相當性感的。

如果男性在她的後面活動的話，女性會因為自己的重要部位被看到了而覺得害羞，如此反而更提高了男性的興奮感。此時男性往往會迫不及待地插入做「活塞運動」，但是如果你暫且忍住，而進一步地對各個部位愛撫，應該會比較好。

因為你先用間接的愛撫挑逗她，然後再用直接的愛撫效果才會更好。

【前戲的技巧8】愛撫大腿的根部，會使女性欲求更進一步的快感

在女性的大腿上留下三、四個抓痕，會更增加性交的樂趣
羅地曼迦利「獲得歡樂的方法」

給予女性性器周邊「接近彈」，會使她期待更進一步的快感

先愛撫乳房和臀部，當性器充滿著愛液之後，接著去刺激下腹部，這是一般愛撫的順序。但是，血氣旺盛男人卻往往急於進攻要害部位。

這不顧女性是否亢奮的粗魯作法並不可取。這就好像我們在開車前，必須暖車再上路一般。女性的身體非常地敏感，若是直接地接觸性器，並不會像黃色小說所寫的那樣，馬上就會「啊……啊……」地呻吟。

要進攻要害，便要按照先埋伏於外圍、潛入二要害……這樣的順序才對。對女性來說，與其直接接觸她的要害，倒不如緩緩地愛撫次要部位的周圍，更能使她覺得愉悅。

這就是所謂的「挑逗戰法」。不先向想進攻的要害前進，而進攻周邊部位。這時女性的心理會覺得焦急難耐。這是「命中彈」不如「接近彈」效果好的實例。

《用指甲在女的背部和臀部甚至性器，留下三、四個抓痕，會更增加性交的樂趣。》

這是『羅地曼迦利』中的一段記載。如同前面所說的，用指甲尖端給予尖銳的刺激，這對亢奮中的女性相當有效。當然，抓傷女性的身體並不太好，這個前面已提到過，但在這裡我所注意的是「在性器留下抓痕」這一點。

我的推測是，這裡所說的性器，並不是指陰蒂、小陰唇、陰道而言。因為這些柔軟的敏感部位，如果用指甲抓的話女性一定會痛得大叫。我覺得『羅地曼迦利』所說的，應該是指性器的周邊部位而言。

不過即使是周邊部位，也不可以用指甲去抓，以婦產科醫生的立場而言，這麼重要的部位，是絕對不可以讓病菌侵入的。

但是，『羅地曼迦利』的這種先進攻性器周邊的作法，倒是合乎了前面所說的，不要直接進攻要害，而應該先在外圍埋伏的這個條件。

而此時要刺激較細小的部位，除了對大陰唇和恥丘愛撫外，其他還有更好的進攻方法，那就是愛撫鼠蹊部。

所謂的鼠蹊部似乎不太容易瞭解，簡單的說就是大腿根部有一些淋巴腺疙瘩的地方。這裡可以說是很接近性器，但卻不是性器的微妙區域。它的內側是大陰唇。而長滿了陰毛的地方，就是所謂的恥丘。因此，所謂鼠蹊部與其說是一個區域，倒不如說是一條「線」比較適合。

因為這裡屬於敏感部位，所以光是用指尖壓就可以得到效果。但是光是用壓的，似乎沒有什麼技巧可言。

我們把鼠蹊部當作是線狀的來看，對這裡的愛撫，以這條線為中心去「撫摸」「搓揉」，效果會很好。但是，光是簡單地沿著這條線活動指頭，未免太過單調了。不妨用指腹以線為中心，向大陰唇方向（內側）和大腿方向（外側）左右地摩擦搖晃，應該會更加提高女性的快感。

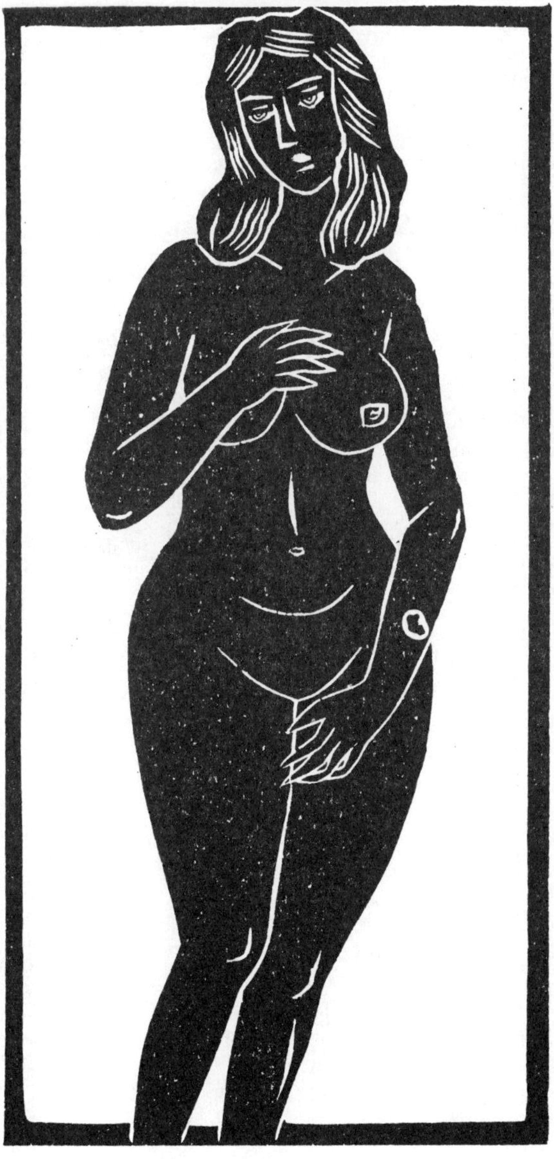

【前戲的技巧9】男性用指頭接觸肛門時，女性便會感受到新的快感

用指甲輕柔地按壓臀部，女性便會發出呻吟，而急促地往快感顚峰的道路前進　　羅地拉釋亞「快感」

臀部不僅是刺激男性性慾的對象，更是引起女性快感的重點

當有個女人走在你前面，你會注意她的那個部位？大多數的男性會回答「臀部」。女性的臀部的確會刺激男性在性方面的慾望。不僅如此，臀部更是提高女性快感的重點。『羅地拉釋亞』中針對臀部的進攻方法，介紹了一個很好的作法。

≪男性緊緊地抱著女性，親吻她的頭、臉頰和唇。然後在背部、脇腹部留下抓痕，並且用指甲輕柔地按壓隆起的臀部。這樣女性便會發出呻吟，急促地往快感顚峰的道路前進。≫

這段敍述的重點在於給予女性的臀部刺激，便會急促地使快感提昇。古印度人似乎從數次的經驗得到了深深的自信，而敢如此斷言愛撫臀部會使女性的愉悅驟然提高。

這裡所說的「用指甲輕柔地按壓」並不是說用指甲去抓，而應該解釋爲用指甲背面去推頂比較恰當。

用指甲尖端來刺激是相當尖銳的，不管是怎麼輕的刺激也會令她覺得癢，而不會有舒服的感覺。經過這樣的考慮，使用指甲背面來愛撫的這個推測，應該是成立的。

因為指甲的背面比指頭還要硬滑，所以可以給予女性更強的刺激。當然，也可以用指腹做同樣的動作，但是故意不用指腹而改用背面，反而會產生一種意外感，這也可以算作是一種心理作戰。

到底要用指腹還是用指甲背面，可以隨機應變。當對方尚未十分興奮時，可以用指腹輕輕地接觸，當她亢奮後，則使用指甲的背面，給予她較強烈的刺激。

對肛門刺激會透過肌肉傳至陰道

先前我引述了『羅地拉釋亞』中所記載的「使女性急促地往快感顛峰的道路前進」，我覺得與其愛撫臀部隆起的部分，倒不如愛撫臀部的溝來得有效。因為這個部位對刺激相當地敏感。

其實『羅地拉釋亞』應該也想針對此做個說明，但是也許是基於宗教或是其他理由，而僅含糊地說是「臀部的隆起部分」。由愛撫的強度是「輕柔的」，以及對這個部位不可以用強烈的刺激這兩點，使我有這種感覺。

對這個溝隙的進攻方法，是用指腹或是指甲背面輕搔最為有效。

首先，用指腹從仙椎部分經尾骨朝會陰部輕搔。接著反過來用指甲背面反方向地輕搔。這時候，比較重要的是對肛門的接觸。國人總是對肛門抱有偏見，不認為肛門是性感帶而刻意忽視。其實肛門可以說是「第三性器」，是一個重要的性感帶。

我們以肌肉的組織做一個簡單的說明。肛門周圍的肌肉和陰道周圍的肌肉，其實緊密地連接著。因此，當女性達到高潮時，陰道的肌肉會繃緊，肛門也會強烈地收縮。也就是說，因為肌肉在構造上的關連性，使得對肛門的刺激也會傳至陰道。

這不僅僅限於性交的時候。在前戲時碰觸這裡的話，肛門敏感的粘膜部分感受到刺激，便會使肌肉收縮。陰道受到這個刺激，快感便會提高。

愛撫女性的肛門時，最好用指尖輕戳給予適度的刺激。此外，搓揉肛門的周圍也是很有效的。在愛撫的時候必須注意，因為肛門是一個敏感的粘膜，所以絕對不要用指甲去抓而留下抓痕。

另外，在陰道和肛門之間的會陰部也是非常敏感的部位。當你由上往下搔弄這一帶，卻故意跳過會陰部而直接刺激陰道，這種作法也會提高女性的快感。因為你忽然脫離了女性預期的部位，正符合了「挑逗的效果」。

如果你想直接進攻會陰部時，最好由前面開始攻擊，然後再慢慢接近會陰部效果較好。

愛撫肛門是發掘快感的第二步驟

前面我所提到的有關對肛門和會陰部的刺激，似乎和古印度性典的記載有些偏離，但這是有原因的。在『迦摩須多羅』中，就有這麼一段記載：

《男性必須用自己的手發掘女性的快感。》

的確，像耕田一般一一地發掘女性的快感，可以說是男性的一種樂趣。

自古以來便有這樣的觀念，男性為了使女性在性方面逐漸成熟，要花費許多的時間和精力。

男性在思春期時，對所謂的快感就已有相當程度的瞭解，但是女性就沒有這麼單純了。不少女性是藉著自慰才體會到陰核的快感，但伴隨著性交快感而來的整體性快感，卻仍是要經過與男性接觸的經驗才能發掘的。

但是，這也並不是在初次行為時馬上就能體會的。對女性來說，能夠體會出快感的時期，以及在性方面成熟的速度，每個人都有很大的差異。

在十代之中，會有很早便瞭解性快感的早熟女性，也會有結婚了十年，仍不能體會的女性。一般人的想法是，女性要等到過了三十歲，才會真正達到性成熟，也就是已經生了好幾個小孩，並且孩子也都養得稍大了的時候。

大部分的夫妻在結婚數年後，才打算生第一個小孩。因此在這期間內，不太可能使女性達到性成熟。新婚時期正是夫妻倆最恩愛的蜜月期，在熱情之中無暇去使用一些技巧。本來在年輕的時候，就不必用什麼技巧，只要直接用熱情可能就能得到滿足。但是過了一些時日後，彼此的熱情冷卻了，於是便需借助一些技巧。男女都在積極地尋求各種變化，心境上也逐漸變得能去真正地享受樂趣。

在某些意義上，這個時期倒是發掘女性快感的絕佳機會。對男性來說，也是磨練性技巧的好機會。不管是男性或女性，對愛撫肛門都有排斥的傾向，但是在提高女性快感的意義上，卻是非常有效果的。我敢介紹這個方法給各位，也就是這個原因。

『迦摩須多羅』中也可以看出這樣的目的，並且也適切地表達了出來。這本書是由身經百戰的性高手，依其長年的經驗得來的，真可以說是匯集了所有「性愛技巧的精華」。

【前戲的技巧10】用手掌輕輕震動女性性器時，她便開始逐漸達到高潮

當女性照男性所說的，把自己的身體完全交給男性時，便可以開始撫摸她的生殖器

迦摩須多羅「愛打與呻吟」

直接愛撫陰蒂是愚蠢的作法

陰蒂是女性的性感帶中，特別敏感的部位，這是許多男性所知道的。但是，其中卻有人認定光是碰觸陰蒂，女性便會有快感，於是他們便讓女性躺在床上，用手按壓內褲直接刺激陰蒂，真是令人驚訝！

實際上，之前沒有任何接觸便直接刺激陰蒂，只會使女性覺得痛苦，完全沒有快感可言。若是和這個女性感情還不深的話，可能會弄得不歡而散，使她再也不想見到你。

池田滿壽夫在他所寫的『桌下的橘子』這本小說中，男主角的妻子說了這麼一段話：

「我的先生啊！你怎麼直接就親那個地方呢？真是笨哦！」

簡單地說，這個女性因為她先生隨便地愛撫而感到生氣。而這段話正是世上許多女性想說的真心話。

『迦摩須多羅』中，也有這麼一段敘述：

《男性一邊親吻女性的各個部位，一邊用手摩擦女性的大腿內側，並且觸摸大腿的根部。此時若是女性有些抗拒，便溫柔地對她說：「不要怕」，使她逐漸放鬆心情。當女性照男性所說的，把自己的身體完全交給男性時，便可以開始撫摸她的生殖器。然後再脫掉她的內褲。》

我們現代人總是過度地性急，為了讓女性很快地有所反應，於是剛開始便直接碰觸女性的性器。而古印度人卻絕不會如此，他們總是不疾不徐地花一點時間做愛撫，之後才開始接觸女性的性器。

『迦摩須多羅』中告訴我們，首先親吻女性的整個身體，然後用手按壓大腿內側，以及大腿根部附近。不要性急地直接去撫摸女性的性器。若是此時女性有些抗拒的話，便輕輕地告訴她：「不要怕」以增加她的安全感。當女性對這個愛撫有反應時，再開始撫摸性器。

陰蒂是「女性的陰莖」

當然『迦摩須多羅』所說的「生殖器」並非指陰蒂而言。但是，此時用張開的手掌愛撫性器，結果同樣地也會給予陰蒂刺激。

古印度人對於愛撫女性身體的方法，具有相當豐富的知識和經驗，不得不令人驚嘆。他們反覆地強調，陰蒂在構造上是個非常敏感的部位，所以絕對不能一開始就強烈地愛撫這裡。

陰蒂可以說是「女性的陰莖」，在組織學上它相當於男性陰莖的龜頭部分。小陰唇則相當於陰莖的棒狀部分，更確切地說，就是相當於陰莖內的尿道部分。陰莖的內側有一條縱向的細縫，就有如兩片小陰唇閉合時一般。

陰蒂是集中了海綿體、神經纖維、血管等的核體。不管是那個男性，當他的龜頭部分受到刺激時，便會感覺到痛楚，而相當於龜頭部分的陰蒂，集中了許多神經的末端，所以也是非常敏感的。在女性還沒有什麼反應時，便直接刺激這個敏感部位，這樣只會得到負面的效果。

說到陰蒂的敏感，倒讓我想起了一種風俗。在非洲的一些國家如蘇丹，至今仍保有女孩子一生下來便將陰蒂切除的說法。這對我們來說似乎有些難以置信。他們這麼做的理由是，陰蒂太過於敏感，他們不希望女性因此沈迷在與生育無關的性交上，基於這種宗教的道德觀而形成了這樣的風俗。

愛撫要配合女性的狀況來進行，這是一個大原則

在刺激陰蒂時，特別是在剛開始愛撫的時候，輕柔的動作是非常重要的。在這時不用指頭而應該用整個手掌，這是重點所在。它是以接觸面積來考量的，若是用指頭可能刺激會太

過強烈。

指頭接觸皮膚的面積越小，則給予這個部位的刺激就越大。反過來說，因為手接觸的面積較大，力量被分散了刺激自然也跟著減弱了。

實際上，用指尖接觸和用手掌接觸，那一種刺激比較強烈試試看便知道了。愛撫陰蒂時，剛開始使用手掌便是考慮到女性的快感而這麼做的。

此外，為了防止過度的刺激，剛開始用手貼著內褲由上往下輕柔地愛撫比較好。前面我們引用『迦摩須多羅』中的一段句子，其中寫著「……然後再脫掉她的內褲」便可以看出，剛開始撫摸生殖器時，是隔著內褲的。此時因為溫熱的手掌輕柔地包住她的下腹部，所以自然會使她的快感逐漸增加。

關於愛撫的強度，剛開始是越輕柔越好。陰蒂可以說是適用這個原則的典型例子。對於這一點『迦摩須多羅』中，有如下的一段記載：

≪愛打最初很輕！而後因為逐漸亢奮而變強，最後在射精的瞬間使女性達到最高的滿足。≫

這是在「愛打與呻吟」這個描述藉拍打女性來提供快感的章節中所記載的。這並不是針對陰蒂而寫的，而是要透過對陰蒂的愛撫介紹一些觀念。

我對這種拍打女體的愛撫法不太同意。在『迦摩須多羅』中也特別強調，這種刺激強烈

的愛撫法，必須視女性的情緒和反應而變化施力的強弱。

要想滿足自己的慾望很簡單，但是如果你也想使女性得到愉悅，這一點你絕對要注意到。事實上，這樣的忠告一定有許多男性聽不進去。但是，在女性仍心存排斥你便直接插入，這實在和動物沒什麽兩樣。

尊重對方的人格、給予輕柔的愛撫，使雙方都能品味到性愛的歡愉，這是『迦摩須多羅』的基本理念，亦是我所完全贊同的。愛撫不能僅使用自己的步調，更應該配合對方的步調，這是一個重要的原則。

對陰蒂的愛撫，好好做的話會帶會給女性最大的快樂，但是一步做錯，卻會使女性感到極度的痛苦。剛開始不要急著直接去觸摸陰蒂，而應該隔著內褲用手掌由上而下輕柔地刺激，這是我一再提醒你千萬不要忘記的。

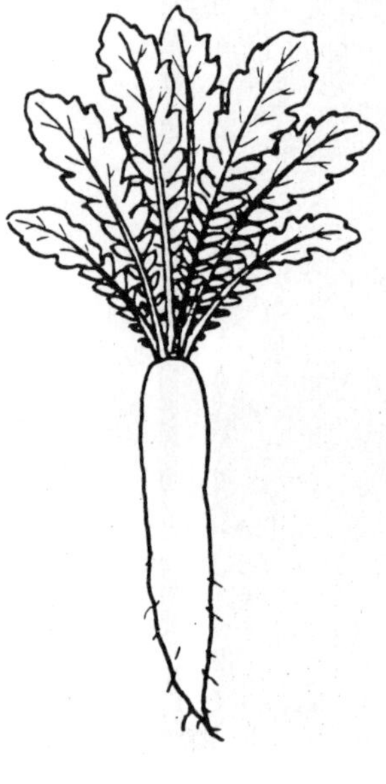

【前戲的技巧11】在插入陰莖之前，一定要用手指愛撫陰道

在性交之前，應該用手指像大象的鼻子一樣地攪動陰道使內部溼潤

迦摩須多羅「性交時男性的任務」

用兩根指頭比用一根指頭更能增加快感嗎？

由於性報導的氾濫，使得許多人誤以為一些特殊的戀情是很正常的。例如，在同性戀的行為中，有人把整個拳頭都塞人肛門中，部分的便信以為真地在腦袋中留下深刻的印象。

當然在世界上充滿了各式各樣的人，能夠做到這一點的不能說沒有，但是一般人的肛門括約肌，是有一定的擴張極限的。陰道和手指的關係也是同樣的。

我們也許會想，像陰莖這麼粗硬的東西都能插得進陰道了，那麼兩、三根指頭自然更不是問題。但事實上並非如此。因為陰莖的龜頭部很柔軟，可以為緩衝，而且陰道內也會分泌愛液作為潤滑劑，使陰莖能夠順利地插入。

除了特種行業的女性之外，一般女性的陰道大概只能插入一指而已。能夠插入三、四根指頭的，算是極為特殊的例子。

由於媒體的誤導，使一些人認為插進的指頭數，與快感的程度有關。他們信以為真地認

為，插一隻不如兩隻，插兩隻不如三隻，越多的指頭會越讓女性感覺強烈。的確，兩隻指頭會比一根指頭更讓女性感覺到「有一個粗的東西進來了」，但與其說這是一種快感，倒不如說這是一種痛苦還比較恰當。

陰道本身不過只是個陰莖的通道（或者為產道），在入口附近並沒有會引起快感的神經或感覺接收器。以性感帶來說，這裡可以算是一個不毛地帶，所以不管是插入多少根指頭，也是白費力氣。舉個簡單的例子：像婦產科醫師常常要把指頭插人陰道檢查，如果這樣女性便會興奮的話，診察不就不能進行了嗎？

但是，將指頭插入陰道，刺激到陰道以外的部分，這就另當別論。在『迦摩須多羅』的「性交時男性的任務」一章中，有如下一段有趣的敍述：

≪在性交前把手指插入陰道，像大象的鼻子般地攪動女性生殖器的內部使其溼潤。≫

這裡所說的「像大象的鼻子般」到底是怎麼樣的動作呢？其實這裡是把自己的食指比喻為大象的鼻子。通常將食指插入陰道時，掌心是朝上的。用大象的鼻子作比喻的話，手指的動作就好像大象用水冲自己的背部一般。其實在這個動作之中，我覺得隱藏了一個能使女性愉悅的重點。

陰道前壁和後壁的快感有很大的差異

手指像大象用水冲自己的身體一般地在陰道中活動，會給予女性陰道的前壁刺激。陰道前壁因為靠近膀胱，所以也等於間接刺激膀胱，這正是激起女性快感的原因。男性在膀胱憋尿的時候，常會有即將早洩的感覺，女性在膀胱積了適度的尿量時也會有類似的感覺。為什麼會有這樣的感覺，一下子也說不清楚。不過以發生學的角度來看，泌尿器官和器官有密切的關係，也許因為彼此的相互作用而造成了快感。

另外，若是掌心向下地將食指插入，這樣的動作就變成了像是大象用鼻子拔草送入口中一般。這種動作刺激的是陰道的後壁，也等於間接地刺激到直腸。說得稍微粗俗一些，尿意和便意那一種比較接近快感？你可以自行想像。至少我認為忍住「大號」很少人會覺得有快感的。這種介於排尿感的快感，在陰莖做「活塞運動」時也會產生。比如說我們在採取正常位時，陰莖刺激陰道的前壁，也就是膀胱的附近，便會得到這種感覺。也正因如此，使得許多女性都很喜歡正常位。

最後，關於這種「手指的象鼻動作」，我想以現代醫學的立場給各位一個忠吉。那就是不要把整根手指完全插進去，最多只能插入到第二個關節處。因為陰道的深處感覺較為遲鈍，把重點放在愛撫較為敏感的入口附近，是比較明智的作法。

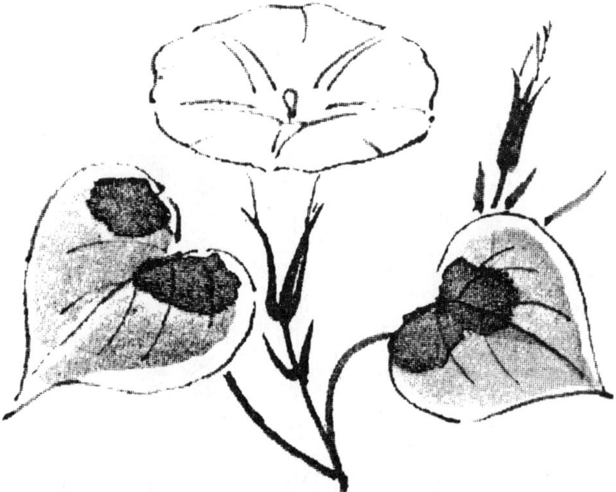

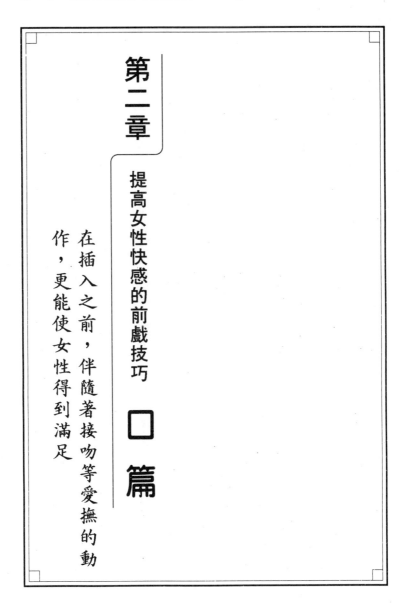

第二章

提高女性快感的前戲技巧　口篇

在插入之前，伴隨著接吻等愛撫的動作，更能使女性得到滿足

●以粘膜的部分愛撫粘膜的部分

身體之中，由粘膜組成的部分以及粘膜與皮膚交接的部分，感覺都非常地敏銳。例如，小陰唇、肛門、嘴唇、眼皮等都是如此。造成這些部分敏感的原因，是因為這裡都集中了為數相當多的末梢神經。

神經越密集的部位就越敏感，這是當然的。如果給這些部位極輕柔的刺激，便會覺得癢，但如果給予適度的刺激，則會引起性興奮。由愛撫小陰唇、肛門、嘴唇以及陰莖可以得到高度的快感，便證明了這一點。接吻可以引起興奮，口交也會使任何人都會有舒服的感覺。

但是，對這些部位的刺激過於強烈、尖銳的話，卻會感到疼痛。所以，在愛撫時必須要特別輕柔才行。我之所以會提出以粘膜的部分進攻粘膜的部分，一方面是怕傷到敏感的粘膜，另一方面也是希望這種愛撫能夠提高快感。

和粘膜同樣地柔軟，並且能夠做纖細的愛撫動作的部位，就只有口了。

用嘴唇和舌頭愛撫女性，也就是所謂「口交」的方法，在『迦摩須多羅』中的「接吻」

一章，描述得相當多。

提到口交我們總覺得這是近代才有的產物，其實古印度人對口所能提供的刺激效果早已知之甚詳。接下來介紹的各種技巧變化，一定會令你嘆為觀止。

現代的年輕人，往往在親吻女性並且撫摸陰部到溼潤之後，便急著馬上插入，但是以提高女性快感來考慮的話，這樣並不能使女性達到極度的愉悅。而本章便是根據古印度性典的一些記載，為各位介紹一些合乎性科學的口部愛撫法。

此外，在『迦摩須多羅』中，可以看到許多關於對男性性器口交的記載，都敍述得相當詳盡。但可惜的是關於女性性器口交卻幾乎沒有提及。由男性性器口交技巧之細密使我覺得，女性性器口交應該也有各式各樣的作法。因此，我特別在後半部介紹一些由男性性器口交變化而來的愛撫技巧。

【前戲的技巧12】用口輕觸眼皮，會提高對接吻的期待感

親吻嘴唇以外部位的方法有四種。最有效的是輕吻眼睛和額頭

迦摩須多羅「接吻」

親吻眼睛等於是親吻內心

我們常說「眼睛是心靈之窗」。眼睛不僅是人體的一部分，更是心靈的表徵，男女的愛情可以藉著它的表現出來。我們只要從含情脈脈的目光中，便能確認彼此的愛情。因此在這一點上，眼睛的確有其特殊的價值存在。若我們直接親吻眼睛的話，便會燃起女性的慾火，使她陷於心蕩神馳的狀態。

在『迦摩須多羅』的「接吻」這一章中，提到了在彼此吸吮唇部之後，再親吻身體的各個部位，而這些部位除了乳房和臉頰外，它還提到了眼睛。當然所謂眼睛並不是親吻眼球，而是指眼皮而言。

提到對眼皮的親吻，也許有人會連想到青春電影中柏拉圖式的戀愛。這大概是因為許多人懷疑，親吻這個部位真的會使女性愉悅嗎?但是事實上，眼皮中確實集中了許多與性感帶相連的迷走神經。因此刺激這裡，亦可以傳達到下半身。

但是，女性要得到這種快感，還是必須要用非常輕柔的愛撫。對眼皮愛撫並不僅限於用嘴唇，若是用手輕輕地觸摸，女性也同樣會有感覺的。

『迦摩須多羅』中將這種親吻方法稱作「微吻」。這種「輕觸眼睛和額頭」的親吻方法，接觸時就好像似有若無般，若是用舌頭舔眼皮時，也是相同的。

前面我們提過「眼睛是心靈之窗」，當女性的眼睛受到這種輕柔的親吻時，女性會感覺到自己的心靈彷彿也被接觸到了。也就是說，女性會有自己已把包含內心的整個身體完全託付給對方的感覺。

光是親吻眼睛便能使女性亢奮

不光是眼睛，女性身體有許多部位一受到刺激，便會得到強烈的快感。關於這點下面有個例子。

有一個十八歲的女性到我這裡求診。她的患部是在陰道，也就是在陰道口的巴多林氏腺產生化膿性腫大。在這之前她已經看過其他的醫生，可是不久症狀又再度復發。就在這反反覆覆地四處尋醫之下，最後打聽到了我這裡。

我看了一下這個症狀，直覺就認為她已經有性經驗。因為像巴多林氏腺腫大的症狀，不太可能會發生在處女身上。我針對這一點來問她，她卻強調自己還是個處女，不過卻有讓男友愛撫的經驗。這一點勉強和我的推測相符。

巴多林氏腺位於陰道口，它本身具有一個開口，所以普通不會引起病菌侵入的感染症狀，會被感染而變得腫大，都是因為女性亢奮時促使巴多林腺開始分泌，而讓病菌趁隙侵入的。所以我才會判斷這個女性不是處女。不過我想這個女性應該光是從愛撫就能得到充分的快感才對。

我不太清楚她是因為身體的那一個部位受到刺激，才引起這樣的反應的，但在理論上，光是親吻眼皮也能引起巴多林氏腺的分泌。

有的人甚至腳掌被舐時，也會感受到強烈地刺激。這些女性身體各部位的快感反應，都與性器官有密切的關連。所謂「要射元帥便先射他的座騎」，僅藉著親吻眼睛而使女性達到高潮，理論上是有可能的。

【前戲的技巧13】接吻時完全包住女性的嘴唇，會把女性的心也一起包住

接吻時男性用雙唇緊密地包住女性的雙唇

迦摩須多羅「接吻」

當女性吻你時，你一定也要回吻她

親吻可分為許多種，從親吻臉頰表示問候，到親吻性器等等各種方式都有。親吻女性的嘴唇也會因兩人的親密度以及場所的不同，而有各種不同的方法。『迦摩須多羅』中，便告訴了我們在怎麼樣的場合，適合用怎麼樣的方法。

例如，有一種方法叫做「貼吻」，就是女性單單將嘴唇貼於男性的嘴唇上，並不特別地去活動嘴唇。

另外有一個方法叫「下唇吻」，是指男性將嘴唇伸入女性的口中，而女性因為仍有些害羞，所以僅活動下唇去配合上唇不動。

在此要為各位詳細介紹一種被稱為「反吻」的方法。

讀者也許會覺得，這三種方法光是看名字，就覺得是屬於幽雅的方法。正因如此，我們在敍述時也是針對與年輕女性（處女）接吻的場合來寫。而其重點並不在於刺激女性使其產

生快感，而是在於使女性心靈鬆弛。

女性都非常清楚接吻隱藏著俘虜她們內心的力量，所以當她們對男性還有警戒心時，絕對不會主動地去吻男性。

反過來說，女性會主動地吻男性時，大概便已認定了這個男性是她可以託付的對象。女性在戀人專心工作的時候、和她吵架的時候、以及戀人被其他事物吸引的時候，她總是會希望對方多關心她，甚至她會藉著吻來使對方瞭解自己的慾望。『迦摩須多羅』在「接吻」這章的最後，介紹了一種名為「反吻」的方法。

《男女之間有一方做某個動作時，另一方一定也要以同樣的動作回應對方。例如，女性吻你時，你也一定要回吻她；她輕輕地拍你時，你也應該輕輕地拍她。》

女性拾棄了羞恥心主動地吻男性，男性便有義務去做同樣的回應。

「緊緊地包住她的嘴」會使女性任由男性擺佈

這種能夠逐漸俘虜女性芳心的吻，『迦摩須多羅』中做了完整的介紹。這種方法是將女性的雙唇緊密地包住並且吸吮。用這種方法會使女性覺得彷彿氣力盡失，喪失了抵抗男性的力量，而把身體完全託付給對方。

『迦摩須多羅』把這個方法又分成了四種：

第一種是「直向」的吻，書中寫著「男女面對面彼此互相包住對方的嘴唇」。也就是男女臉部正面相對，彼此直向地互吻，這是屬於比較正派保守的作法。第二種是「斜向」的吻，這是男性必須稍微側著臉的方法。『迦摩須多羅』中是這麼寫的「彼此將臉略傾，而以圓圓的嘴型含住對方的嘴唇」。第三種是「回轉」的吻法，就是「男性使女性的臉略傾。一隻手扶下巴，一隻手托住頭部，使女性的臉向上仰，然後互吻」、還有一種方法是彼此將嘴唇緊密地貼住，這方法是屬於「緊壓的吻法」。

這四種吻法的重點在於，好像要把對方的雙唇吞下一般地，張開大口把它完全地包住。本來性慾望就包含了希望與對方融為一體的想法。而藉著融為一體，使得女性達到了高潮，男性也滿足了他的征服慾。

男性對女性表達愛意時，有時會說：「真恨不得把妳整個吃掉」，這可以說坦率地表達了男性內心的願望。

這種包住並且吸吮女性雙唇的接吻法，可以充分滿足男性的願望，事實上也具有很好的效果。也就是「會使女性完全說不出話來，而任憑男性擺佈。」

另一方面對女性來說，因為被征服反而會帶給她某種精神上的安定。使得她消卻了緊張和警戒心，而做好任憑男性擺佈的心理準備。這種心理的動作，使女性在性方面踏出了一步。換言之，就是接吻可以使女性逐漸擺脫矜持，而更為大膽。

【前戲的技巧14】舌頭在互相纏繞之前，不要忘了先愛撫嘴唇內側

控制了對方的嘴唇後，壓住她的舌尖。這種方法稱為壓舌吻

迦摩須多羅「接吻」

吻得太深只會使女性掃興

提到熱吻，許多人會連想到所謂法國式的吻。到底真正法國式的吻是怎麼樣的呢？可惜我沒有實際的經驗，只能說大概像歐美愛情電影中的親密鏡頭一般，男女將舌頭互相纏繞，並且彼此吸吮對方。

但是，我覺得這種接吻，不過只是彼此胡亂地纏繞對方的舌頭而已。當然，這樣也能夠提高彼此的快感，但是我想應該還有更好的方法才對。在『迦摩須多羅』的「接吻」這章中，有著如下的敍述：

≪用自己的上下唇輕輕含住對方的嘴唇，然後閉上眼睛，並壓住她的舌尖。這個動作稱為壓舌吻。≫

事實上，這一章是針對女性而寫的，但也給了男性一個很好的建議。所以與其說它是為了引導女性陶醉於接吻的樂趣中，倒不如說它提供了男性一個很好的愛撫術。

此外，這個所謂「壓舌吻」的接吻技巧，可以說是在進行真正的熱吻前，對口腔的愛撫法。有許多男性在尚未貼緊女性嘴唇時，便急著把舌頭伸入對方的口中，這樣自然會破壞了整個氣氛。

所以照著『迦摩須多羅』所說的，先充分地接觸嘴唇之後，再伸入舌頭會比較好。

皮膚和粘膜的交接處是「進攻的重點」

但是，同樣是把舌頭伸入，我覺得最好不要直接就去纏繞對方的舌頭。在互纏舌頭之前的階段，應該先將舌頭置於女性嘴唇的內側，這樣會使興奮和快感在不知不覺之中提高許多。

人體中最典型的性感帶，是位於神經末端和感覺接收器密集的皮膚和粘膜交接處。而以嘴唇來說，表面我們所看到的乾燥部分是皮膚，而內側的濕潤部分則是粘膜，這兩部分的交接處就是最敏感的部位。

你可以試著將舌頭插入女性的下唇內側，然後以舌尖左右磨擦牙齦下部的凹槽附近。這種愛撫會使女性情慾難耐，而主動地去纏繞你的舌頭。這可以說是一種「挑逗技法」，完全符合了前戲的原則。

此外，接吻並不僅限於性交的前戲階段進行。在性交中、高潮時、高潮之後的後戲等都可以進行。不過各個階段所用的姿勢、強度都有所不同。若能好好地掌握住這些技巧的話，必會得到更進一步的快感。

激烈的接吻時吞下對方的唾液，會引起更高度的亢奮。有極少數的女性，在熱吻時便會達到接近高潮的狀態。接吻給予女性的愉悅由此便可想而知了。

＜學習印度性典中提高愛撫效果的方法＞

●消除男女尺寸不合的困擾之體位

『迦摩多羅』中把男女性器的尺寸分類，並且針對各類所適合的體位加以敍述。

小尺寸的陰莖和較寬的陰道的情況——閉塞位

用正常位插入一部分後，女性將腿伸直夾緊，男性則跨騎於女性大腿上。這時，女性大腿用力並且腰部略微舉起，陰莖便不容易抽出。

普通尺寸的陰莖和較寬的陰道的情況——壓迫位

女性面朝上躺著並抱住膝蓋，使陰道朝上。男性將女性的腳掌置於胸前，好像壓迫似地使她身體無法活動，然後清楚地看著陰莖插入陰道。

大尺寸的陰莖和較窄的陰道的情況——捶釘法

女性張開大腿，一隻抬高另一隻伸直。男性則一隻手抱著女性的腰，另一隻手抓住抬起的那隻腳的腳掌，然後像捶釘子一般地以陰莖撞擊陰道口。注意不可以插得過深。

大尺寸的陰莖和普通的陰道的情況——他方位

男性盤腿而坐，女性背對著坐在男性的腿上。男性抱著女性下巴靠在她的肩上，然後把陰莖插入。這種體位插得不會太深。

【前戲的技巧15】有時候用手指來接吻，會帶給女性新鮮愉悅的感受

男性利用拇指和食指夾著女性的下唇，並且把嘴唇拉出輕咬，這叫做夾吻法
迦摩須多羅「接吻」

刺激嘴唇「要害」的接吻方法

『迦摩須多羅』中教我們用指頭拉動下唇的這種提高快感的方法。

編寫『迦摩須多羅』的印度人，屬於安德魯撒克遜族系，他們和我們東亞人相比，上下唇都比較薄，所以很難做一些重點式的接吻，也許是基於這種人種的特徵，所以才會流傳使用指頭的接吻方法。

≪男性利用拇指和食指夾著女性的下唇，並且把嘴唇拉出輕咬。這叫做夾吻法。≫

這種方法我們東亞人來使用效果也非常好，女性可以藉此提高快感。前面我們說過，在我們嘴唇的粘膜和皮膚交接的部位，是相當敏感的，而此方法，正直接地刺激了這個敏感部位。女性在興奮時會伸出舌頭舔嘴唇，這應該也是刺激敏感的部位，使得自己更加興奮的本能反應。

國人的嘴唇形狀、厚度和印度人不太相同，所以敏感的部位亦不同。為了使對方更加亢

奮，我們往往會很用力地接吻。這大概是受了歐美的影響，大多數的男性為了使對方興奮，往往會把舌頭伸入女性的口中，反覆地舔口腔的內側。若是在接吻的最後階段倒無妨，若是在開始的階段，還是先用舌尖舔對方嘴唇的外側較好。

為什麼女性只要同意接吻，就等於是卸除了武裝呢？

在歐美，即使彼此的關係並不十分親密，見面時也會互吻表示問候。而國內由於逐漸吸收了歐美的生活習慣，所以親吻也變成日常的行為。像是在約會結束，和伴侶要分離前，有人會在衆目睽睽之下吻別，這也不算是什麼大不了的事。

這種場合的親吻，不僅表現了男女彼此的愛情，也算是一種禮節。當然，這和性交之前的接吻，具有提高彼此快感的作用，是大不相同的。『迦摩須多羅』中針對性交前的接吻，曾以宗教的角度來解釋。

《牛的嘴（即使其他的時候不乾淨）在吸母牛的奶時是乾淨的。狗的嘴在捕捉獵物的時候是乾淨的。鳥的嘴在啄食樹上果實的時候是乾淨的。因此，女性的嘴在性交時、接吻時也是乾淨的。》

也就是說，原本女性的嘴是不乾淨的，但是在接吻時卻是乾淨的。這是基於性交是人類神聖的工作來考慮的。但是，雖然我們前前後後介紹了許多接吻的方法，卻也不能如此妄下斷言。以醫學的角度來說，人類的口腔並不能算是絕對乾淨的。

『迦摩須多羅』之所以會說只有性交時才是乾淨的，無疑地是基於一種觀念論。實際上不管是否在性交之時，口腔中都充滿了許多細菌。所以，標題所介紹的吸吮對方嘴唇的作法，也不能說是一種不衛生的接吻法。

此外，這種進攻對方敏感部位的接吻法，具有誘導對方進行性行為的心理效果。在風月場所工作的女性，出賣她們的肉體卻不出賣他們的心靈，所以她們絕對不會允許客人吻她的嘴。而一般的女性，這種心理自然更為強烈。

對於喜歡泡妞的男性來說，遇到一個久攻不下的女性，只要吻到了她，便會意外地使她馬上卸除武裝。換句話說，女性只要准許對方吻她的嘴，就等於表達了她已經把自己完全交給了對方。

對女性來說，這個方法並不僅是奪去了她的唇而已。嘴唇被男性的指頭夾住之後，就任由他擺佈了。只要女性接受了這個吻，接下來大概就可以很順利地進行性交了。

當然，這種吻法可能會使女性激烈地抗拒。所以彼此關係若還不夠親密的話，驟然使用這種技巧，可能會產生嚴重的反效果，這點不得不加以考慮。

兩個人的感情很深厚，並且整個氣氛也培養起來了，而處在男女能夠彼此配合的狀態時，靈活運用這個技巧才是最正確的。

【前戲的技巧16】舌頭激烈纏鬥會使女性期待「下體」也激烈地纏鬥

將舌頭伸入對方的口中，彼此的舌頭互相纏鬥，這叫做舌戰

迦摩須多羅「接吻」

深吻即舌與舌之戰

在介紹了許多吻女性嘴唇的方法後，我想針對真正的深吻方法做個說明。

前面我們曾反覆地強調，不要急著把舌頭伸入對方的口中而破壞了接吻的程序。而兩人已有融合為一的感覺時，轉而進行深吻當然是可行的。

關於深吻的吻法，『迦摩須多羅中』有如下的記載：

≪接吻時男性緊密地蓋住女性的嘴唇，並將舌頭伸入她的口中，並且用舌尖頂壓她的牙齒、上顎、舌頭，彼此的舌頭互相纏鬥，這叫做舌戰。≫

這裡所寫的「接吻時男性緊密地蓋住女性的嘴唇」，就是指八十三頁所介紹的四種技巧。之後將舌頭伸入，我覺得刺激的部位沒有必要僅限於牙齒、上顎和對方的舌頭。

除了接觸較硬的牙齦和舌下的下顎柔軟部分之外，亦可以伸長舌頭，愛撫喉頭柔軟的粘膜質部分。這兩者是並行不悖的。

重要的是男性在接吻時，必須刺激到口腔的各個角落，使女性能夠從接吻中得到充分的滿足感。

在此我想把焦點放在「舌戰」的作法。舌頭和舌頭似乎毫不厭倦地互相纏繞，並且彼此引誘對方的舌頭伸入自己的口中來加以刺激。大概就是因為這種動作像是舌頭和舌頭互相爭鬥，所以才被稱為「舌戰」吧！

「舌戰」乃最好的前戲

關於「口的爭鬥」，在前面已經引用了一段文字來敘述，但在此我想做更詳盡的說明。下面一段相當有趣，並且也表達了接吻的本質。

≪接吻時，那一方先奪取了對方的嘴唇，便算是得勝。女性若是輸了，便會哭哭啼啼地要求「再來一次」。如果又輸了，她便會好像很難過地看著對方，等到男性逐漸失去了戒心，她便立刻壓住男性的嘴唇並用牙齒輕輕咬住，使他不能動彈。

之後她便會手舞足蹈地大聲嘲笑他，並且眉飛色舞地和他開玩笑。所以女性還是有這種狡猾的得勝方法。≫

若是兩人感情和睦，便可像遊戲般地享受接吻的樂趣，這可以說是提高彼此快感的愛的遊戲。

這段記載是指男女的嘴唇互相爭奪，但若是把嘴唇換成舌頭，也就等於變成「舌戰」了。舌頭互相爭鬥，與其說是一種遊戲，倒不如說是一種想把對方伸入的舌頭與自己融為一體這種慾望的表現。

如果兩人的關係親密到一方需索對方的舌頭時，另一方便會馬上答應而把舌頭伸出來，但她們不見得會如此地去做，即使他們曾有過更親密的行為。因為男性一向女性需索舌頭時，她便立刻把舌頭伸出來，這樣多少會令男性覺得有些掃興。

我們在觀念中總覺得此時女性會在口頭上拒絕——這也就是俗語所說的「半推半就欲拒還迎」，如此才能挑起雙方的興奮。所以「舌戰」對男女彼此來說，可以算是一種最好的前戲。接吻除了在前戲之外，性交中以及性交後的後戲亦可以進行，這些場合的接吻方法自然也略有不同。

剛開始擁抱時嘴唇僅輕輕地互貼，而隨著進行過程逐漸地激烈，「舌戰」便展開了。而最後在兩人亢奮的情緒中，可以反過來緩緩地進行輕柔的接吻。『迦摩須多羅』說「當緊密的擁抱使她產生喜悅的呻吟時，將舌頭伸入她口中激烈地接觸」，可見同樣是接吻，但仍須視女性的反應以及性交的過程而略微改變其作法。

【前戲的技巧17】要愛撫頸後，先從輕吻肩部開始

一邊用口呼出溫暖柔和的氣息，一邊輕吻肩部

阿納迦蘭迦「接吻」

如何愛撫敏感的頸後？

穿著旗袍的中國女性，從髮際到肩部的曲線，可以充分表現出女性的美。男性會選擇肩部來愛撫，也許就是基於這種原因。

事實上對女性來說，肩部也是一個重要的性感帶之一。

『迦摩須多羅』也把肩部列為七個最適合親吻的部位之一。另外，印度的另一本性典『阿納迦蘭迦』中也有如下的一段記載：

≪一邊呼出溫暖柔和的氣息，一邊輕吻肩部。≫

可見自古以來，肩部就是為人所重視的愛撫部位。

這種對肩部的愛撫，以醫學的眼光來看也是很有道理的。但是自古以來，國人對這一帶的愛撫，仍是以頸後較為普遍。這種差異依我看來有兩種理由。

第一個理由是依著風俗的不同。中國人露出肩部的服裝較為稀少，但印度露肩的服裝卻

很普遍。在愛撫的初期階段，應該都是穿著衣服進行的，對肩部的愛撫沒有比對頸後的愛撫令人重視。

從醫學的角度來看，頸後確實是相當敏感的，所以國人自然把肩部附近的頸後亦視為重要的性感帶。但是，我們常提到的敏感的性感帶，愛撫的方法往往較為困難。

直接地接觸頸後，女性常會還沒感受到快感就先覺得癢。我想這也就是『迦摩須多羅』重視肩部的第二個理由。

從頸部到肩部是快感神經的密集區域

肩部和頸後很難分出明顯的界線。從那裡開始是頸後?從那裡開始是肩部?的確相當地模糊。

我想『迦摩須多羅』中所說的肩部，應該也包含了頸背在內。姑且不論快感與否，以感覺的強烈來說，仍是以頸後較強。

頸部有一列叫做胸鎖乳突肌的長條形肌肉，從鎖骨內側一直斜向沿伸至耳後附近，這塊肌肉的附近，集中了各種通往大腦的交感神經和迷走神經。因此附近只要受到輕微的刺激，便會有敏感的反應。

另外，頸部中有頸動脈和頸靜脈，並且和可以稱為生命中樞的延髓很近。所以在防衛身

體的本能上，這裡自然感覺相當敏銳。

所謂胸鎖乳突肌一帶，簡單地說就是耳後和髮際的附近。這個從女性的頸部到肩部的區域，正是一個極為敏感的愛撫部位。

正因這個部位的敏感度極高，若是愛撫的方法有些不正確的話，便無法帶給女性快感，只會使她覺得癢癢的。

『迦摩須多羅』之所以選擇肩而不選擇頸後作為適合親吻的部位，大概就是為了避免一開始就受到強烈的刺激，而刻意改由周邊部位進攻。不管怎樣，在吻頸後之前，先從肩部緩緩地移動，並且呼出溫暖柔和的氣息，在嘴唇接觸的時候，不要用力地輕吻，而以輕觸的程度較好。

【前戲的技巧18】　親吻耳朵並且輕柔地說著「愛語」

在女性尚未達到充分的快感時，粗暴的動作會令她們嫌惡。因此，必須在她耳邊輕柔地訴說愛語

迦摩須多羅「獲取女性信賴的方法」

讓耳朵感受到「溫差」

耳朵是女性的性感帶，這是人們較為熟知的事實。但是，如果我們沿著頸後到耳朵給予女性刺激，女性真的會產生快感嗎？我想一定不會如此的。

在愛撫的初期直接刺激耳朵，有不少女性會因為癢而抖動，絲毫沒有快感可言。如果你又突然對她的耳穴吹氣，這種呼呼的聲音會帶給她恐怖的感覺。

≪在女性尚未達到充分的快感時，粗暴的動作會令她們嫌惡。因此，必須在她耳邊輕柔地訴說愛語。≫

這是『迦摩須多羅』中「獲取女性信賴的方法」這一章中所寫的。其中提到在女性尚未達到充分的快感時，粗暴的動作會令她們嫌惡，這是『迦摩須多羅』所一再強調的，而直接做出咬女性耳朵的愛撫動作，就屬於『迦摩須多羅』所說的粗暴動作。

我們若是真的想帶給女性充分的愉悅，便必須謹慎地防範自己有類似的粗暴動作。

而『迦摩須多羅』的這段敍述，最能表現出含蓄的部分，就是後面所寫的「必須在她耳邊輕柔地訴說愛語」。

這段記載一般說來，大概是對著女性輕訴「妳的身體真美」、「在這世上妳是我最愛的人」等等的話，使女性能夠逐漸放鬆自我。也許有人會說自己無法做到這一點，但是，面對女性說出「表達愛情的話」，對於紓解女性心理的緊張，以及去除對性交的羞恥心，是非常有效的。

『迦摩須多羅』正充分看出女性的這種心理，所以寫出了前面的那段話。

此外，『迦摩須多羅』的這段記載，除了從心理學之外，從醫學的角度來看也是相當容易理解的。因為耳朵對溫差是非常敏感的。

耳朵是人體中最冰涼的部分。在感冒發燒時，觸摸耳垂有人會覺得身體發冷。薄平的耳垂接觸外部的面積大，所以散熱量也比其他的部位高。

體溫過高時，藉著耳垂中無數的毛細管擴張，而調整全身的溫度。這就好像汽車的散熱器一樣的功用。

耳朵在溫度降低時，溫差所產生刺激會透過感覺接收器而傳至大腦。例如，有的人在別人貼近你的臉時，會覺得癢癢的，這就是耳朵感覺到對方體溫的緣故。

『迦摩須多羅』所說的，抱著女性並在她耳邊輕柔地訴說愛語，我覺得一方面可以紓解女性心理的緊張，一方面亦利用了這種效果。

在輕訴話語時，會呼出氣息，而這種氣息一般來說會較體表的溫度來得高，而這個溫差會給予耳朵有效的刺激。

為什麼我們要利用這種氣息呢？原因就是我們所一再強調的，直接給予強烈的刺激的話，會抑制住女性的快感。也就是說，在使用手和嘴唇之前，先利用訴說愛語時呼出的氣息，給予輕柔的刺激以充分按摩耳朵，作為接下來迎接快感的準備。

女性亢奮時，用舌頭舔她的耳穴

這麼做了之後，再輕咬耳朵並且用嘴輕輕夾住，這樣的愛撫是很有效的。

所謂「耳朵」在醫學上又可以將其分為許多部分，當然各個部位的感覺也不同。我們在此僅大致將耳朵分為耳瓣以及耳穴兩部分。

首先提到耳瓣，對這個部位的愛撫，可以用舌頭包住並用嘴唇夾住。之後再用牙齒輕咬，刺激會較為強烈。

對耳穴愛撫則刺激會更加強烈。在輕訴愛語時會吹入一些熱氣，然後用舌頭舔耳穴前端，再將舌尖伸入洞內。

舌尖伸入之後，便立即縮回來。就這樣反覆地伸縮，女性會更加貼近男性。

人類神經之中有所謂的迷走神經，雖然它屬於中樞神經，但卻和末梢神經一樣地佈滿全身。它在女性的大腿間亦密佈著，所以這種神經與快感有密切的關連。前面曾提過耳朵對溫差非常敏感，這就是因為迷走神經的核心，存在於分佈在延髓到耳朵內側的知覺神經之中的緣故。

此外，在鼓膜的內側，具有直接連接大腦的動脈。耳朵就好像是性器和大腦的連絡站，所以愛撫耳朵是非常有效果的。

冰涼的耳朵插進了溫熱的舌頭，兩者的溫差會產生極大的刺激，而傳到迷走神經以及動脈，使得大腦和大腿間有所反應。

東方醫學也告訴我們，耳朵密集了許多由子宮、乳腺、外生殖器、卵巢等通來的與女性快感有關的線路。

總之，欲有效地愛撫耳朵，就如同『迦摩須多羅』所說的，先輕輕訴說「愛語」以按摩女性的心靈，待快感已逐漸昇高時再進行其他的動作，會有較好的效果。

【學習印度性典中提高愛撫技巧的方法】

●依照刺激的部位而分類的體位

【以陰蒂感覺為中心的體位】

「開花」　女性仰面躺著兩腳打開，臀部抬高。男性用膝蓋頂著，兩手撐住女性的臀部使上半身抬起。用陰莖的前端刺激陰道上部，一邊插入一邊扭動腰部。

「頻呻」　女性仰面躺著，男性將女性的膝蓋架在肩上然後插入。男性用手撐著床手肘張開，對陰道上部輕輕地律動磨擦。

【以陰道感覺為中心的體位】

「母牛姿」　女性俯臥著，從背後插入。用手捏住女性的脇腹部使上體抬起，對著陰道中央插入。

「劈竹位」　將女性一隻腳放在肩上，另一隻腳平伸在床上。男性將陰莖插入做有節奏的律動，並且互換女性左右腳的位置。

【以子宮感覺為中心的體位】

「雷神女位」　女性曲膝使大腿貼至腹部，男性從正面壓在女性身上。這個姿勢可以使男性的陰莖插到陰道的深處。

「破壞」　女性仰面躺著，抓住她膝蓋內側並略微抬起，上半身略彎將陰莖插入陰道。

【前戲的技巧19】女性允許你愛撫腋下，就會允許你愛撫下腹部

吻嘴唇以外的部位有四種方法，若是要吻腿關節、胸部、腋下的話，用「吹吻」較好　　迦摩須多羅「接吻」

隱密的腋下對刺激很敏感

腋下是一個隱密的部位，不易被外物所碰觸到，所以這裡對刺激會有特別敏銳的感覺。這是因為這裡和外物接觸的機會少而較不習慣這種接觸的感覺所致。不過，最大的理由還是因為這裡匯集了許多神經的末端。不經意地被碰觸到這裡，便會覺得非常癢，就是因為這些感覺接收體十分集中的緣故。

另外，也因為這裡的皮膚很薄，再加上體毛密佈、汗腺發達，所以使得這部位感覺更加敏銳。腋下亦可說是一個敏感的性感帶，有不少女性在亢奮時被愛撫腋下，會因為舒服而扭動身體。

對這個皮膚薄而且柔軟的部位愛撫的原則是，儘量給予輕柔的刺激。例如，可以用嘴唇做溫柔的刺激，在『迦摩須多羅』中亦介紹了所謂「吹吻」的簡易輕吻法。

剛開始先吹氣並且用嘴唇輕輕地接觸。也許有的女性會覺得癢並且會有排斥的反應，因

為她們覺得這裡和性器一樣會發出臭味，所以會不讓你的嘴接近，這個時候不要強迫她。不妨先愛撫她其他的部位，當她逐漸興奮時再用嘴唇去接觸，這時因為她在亢奮中，所以即使不願意還是會接受這種動作的。

這時再增加一些刺激的強度會更好。把嘴唇貼著並且用舌頭去舔。有時反過來不用壓的而用吸的，會帶給她一種新鮮感，使得慾火急速地燃起。

重要的是要能夠變化刺激的方式，並且保持著節奏。

和腋下一樣都是隱密而不易被外物碰觸到的部位，包括大腿底部與下腹部交接的鼠蹊部、下巴內側、乳溝、膝蓋和手肘關節的內側等部位。『迦摩須多羅』中所說的「腿關節」大概就是指鼠蹊部而言，而「胸部」應該不是指整個乳房，大概是指乳溝而言。對這些部位也用和腋下相同的愛撫方法，效果會很好。

愛穿無袖背心的女性，腋下有「冷感症」

最近比以前更為流行露出腋下的衣服，使得陽光也能曬到這個部位。也正因此有些女性會把腋毛剃掉，這樣無形之中被外物碰觸到這個部位的機會便增加了，在逐漸習慣外來的刺激之後，敏銳的感覺也逐漸地變得遲鈍。

這就好像龜頭被包皮包住的假性包莖一般，若割掉包皮後剛開始會非常敏感，性交時也會很快便射精，但是，在露出的龜頭逐漸習慣外在的刺激後，感度就會變鈍，性交時便能維持較長的時間才射精。

年輕女性露出腋下以展現自己的身裁，對男性來說的確有某種程度的視覺刺激，但是，對於愛撫方面來說，卻較為不利。

腋下的快感程度，是和其暴露的程度成反比的，腋下的毛愈密則感受的快感愈高。所以我們便可以想像出為什麼成人電影中長滿腋毛的女演員，被愛撫時會有這麼激烈的反應了。

【前戲的技巧20】 女性有抗拒的反應時，親吻她的臉頰並且說些情話

趁著女性在傾聽男性的細語時，才慢慢地褪下她的內褲這樣比較妥當。若是她抗拒的話，親吻她的臉頰來緩和這個場面

迦摩須多羅「獲取女性信賴的方法」

使男性的慾望不被看穿的秘訣

在外國電影中，我們常可以看到男性親吻女性臉頰的鏡頭。稍長一輩的人連和女性並行都會有所顧忌，看到這種行為自然會覺得「在衆目睽睽之下做這種動作，實在太不好意思了」，但是這種輕吻女性的動作，在愛撫方面確實有很好的效果。

『迦摩須多羅』中的「獲取女性信賴的方法」這一章有如下的記載。

《趁著女性在傾聽男性的細語時，才慢慢褪下她的內褲這樣比較妥當。若是她抗拒的話，親吻她的臉頰來緩和這個場面。》

要提高女性的快感度，耐心地花時間持續地愛撫較好。慢慢地增加接觸的程度，使她逐漸進入心蕩神馳的愉悅中。

『迦摩須多羅』告訴我們，要慢慢地向女性進攻時，男性先要讓女性傾聽他的細語，但

是要進行這種緩慢漸近的微弱刺激，可以使用的不僅是語言，擁抱和親吻也是可以的。不管用那一種方法，只要女性逐漸感到亢奮，便可以開始用手慢慢褪去她的內褲。

有趣的是下面一段文字「若是她抗拒的話，親吻她的臉頰來緩和這個場面。」女性即使因為接吻或擁抱而達到相當程度的亢奮，但是仍會排斥對方去褪她的內褲。因為對女性來說，最重要的部位都暴露給男性看了，等於女性已經把自己完全交給了這男性。在這種心靈掙扎的時候，便會產生較激烈的抗拒，這時快感就變成了警戒心，亢奮和性慾也會完全地消失。

為了使女性不會產生這種警戒心，而中斷了褪去內褲的動作，所以『迦摩須多羅』告訴我們用親吻臉頰的方法。這方法並不是要男性用急促的鼻息去激起女性，而是要讓女性感受到自己是因為深愛她，所以才企求一種具有感情基礎的性交。

『迦摩須多羅』的這種「掩飾」作法，正看出了血氣方剛的男性本性，著實令人佩服。最近一些年輕的男性，只顧著自己的慾望而不顧他人，看到這段敍述之後，真的應該好好學習才是。

「留一段距離」以消除女性的警戒心

我覺得這種親吻臉頰的愛撫術，具有「留一段距離」的意義。大致上，男性和女性初次同床時，常面對面無言以對。男性會因為不好意思而僅吻女性的臉頰，保留一段距離。

這「留一段距離」聽起來也許是消極的，但是在持續女性內心的滿足感方面，卻是非常有效的。也就是說，親吻臉頰，是你認為對方「可愛」「漂亮」的表現，也是你表示自己喜愛她的行為，這樣做可以打開女性的心扉。讓她瞭解了你對她的愛情之後，她的抗拒反應自然便解除了。

同樣的道理，「留一段距離」的愛撫並不限於親吻臉頰，輕輕地搓揉頭髮、鼻子互相磨擦也是可以的。重要的是，如何去消除對方的警戒心。

關於對鼻子的愛撫，京都大學大島淸教授所著的『性感帶的科學』中，有一些非常有趣的記載。

一般人認為鼻子外側並不是性感帶，但是，內側也就是鼻孔卻出乎我們意料地敏感。鼻孔中長滿了鼻毛，這是為了保護鼻孔內纖細的粘膜。不管胯股間、腋下以及人體其他敏感的部位，都是藉著密佈的體毛來保護。鼻孔自然也不例外。

實際上鼻孔的粘膜和胯股間的粘膜具有許多共同點。而最大的共同點就在於對溫度刺激所產生的反應。兩者對冰冷都極為敏感，但是相反的，兩者對溫、熱都沒有什麽感覺，顯得相當遲鈍。大島教授指出，親吻鼻尖時，不經易地呼出溫暖的氣息，並且用舌尖輕舔，便可以燃起整個身體的溫暖。

【前戲的技巧21】先用舌頭反覆地舔著乳頭，再強烈地親吻整個乳房

用嘴唇按壓乳房，這種接吻叫做壓吻法

迦摩須多羅「接吻」

女性有感覺的是乳頭而非乳房

乳房是女性的性象徵。隆起的胸部可以挑起男性的情慾。有的男性因為覺得乳房＝強烈的性感帶，所以會用力猛抓、用牙齒咬、用指甲抓，要想這樣便帶給女性快感，是不太可能的。

有人也許會不以為然地認為，愛撫乳房就會使女性產生快感。事實上，敏感的部位是乳頭而非乳房。

鈍感的乳房中，只有乳頭是極為敏感的性感帶。這是因為這裡集中了各種神經末端作為感覺接收器，稍微一刺激，馬上便會使陰核膨脹、陰道充滿了愛液。

這種反應之快，是身體其他部位所無法企及的。所以愛撫胸部時，碰觸乳頭比搓揉乳房要來得有效。

對於乳房的愛撫，『迦摩須多羅』教了我們所謂的「壓吻法」。

這是一種「略微按壓」的吻法，除了乳房之外，還適合愛撫臉頰、肚臍下部等皮膚柔軟的部位。

對乳房愛撫我覺得用親吻的最適宜。這是因為用嘴唇會比用手或用指頭來得輕柔。對於佈滿了感覺接收器以及神經末端的乳頭來說，用指頭捏常常會是一種過度的刺激。所以在前戲的階段，還是用嘴唇輕輕地含住，並且用舌頭左右地輕舔，會帶給女性更多的快感。

愛撫乳頭可以清楚地看出女性的反應

但是，即使乳房（乳頭）是大家公認的性感帶，事實上對女性來說，仍會有某些地方即使碰觸了也完全沒有感覺的。

有的女性只要稍微被碰觸便會達到高潮；卻也有女性被觸摸、被舔時，會覺得非常不快。所以乳房可以說是非常不可思議的。

但是當詢問女性為什麼會沒有感覺，原因往往是她和男性間的關係、愛撫的技巧等自身的問題。前面我們曾提到過，如果男性是屬於「長趨直入型」的，只要兩人的關係極為親密，亦可以使女性得到愉悅的。反過來說，如果兩人感情不夠深，即使愛撫乳房女性也有可能得不到快感。

我覺得必須先充分瞭解『迦摩須多羅』在這一段中所表達的意義，才能掌握住這種「略

微按壓」的作法。

也就是說，不要直接用力地按壓，而應該先弄清楚女性的反應後再去行動。

對乳頭的愛撫，並不是直接把整個含著，開始時應該先用舌尖來舔。之後再視女性的反應，含住整個乳頭，甚至輕咬乳頭。

而最後再用手把整個乳房包住，口與手並用地進行愛撫。

【前戲的技巧22】從肚臍到陰部，將嘴唇用「指壓」的方法來愛撫

對肚臍以下用壓吻法來愛撫

迦摩須多羅「接吻」

肚臍和女性性器有間接的關連

肚臍的存在總讓人覺得有些滑稽。另一方面，由於這裡無法好好地清洗，所以總給人一種不乾淨的感覺。也正因此，人們往往會忽略對這個部位的愛撫。

此外，從肚臍到外陰部之間的面積相當地廣。肚臍的正下方我們稱為「肚臍下面」，恥丘的部位我們也稱作「肚臍下面」，當有人說「肚臍下面」時，到底是指那裡實在令人難以確定。因為位置的不確定，刺激的方法自然也變得不定，所以在愛撫這個部位時常常會敷衍了事。

其實不管是肚臍或是「肚臍下面」，都是女性的一個重要的性感帶。

『迦摩須多羅』告訴我們，對肚臍和「肚臍下面」親吻，適合用前面介紹的對肩部的「壓吻法」。

所謂的「壓吻法」是一種「略微按壓」的親吻方法，除了肚臍之外，乳房和臉頰也相當

適用，用這種方法對肚臍愛撫，是非常合乎現代醫學的。

事實上肚臍和膀胱是有關連的。每個人在母親的肚子中時，都有一條連接著肚臍到膀胱的管道，長大之後有的人會在這裡留下繩索狀的痕跡。所以以前有「挖肚臍的繩索肚子會痛」的說法。

這點姑且不論，在刺激肚臍時，感覺會傳至膀胱。膀胱因為很靠近生殖器，所以感覺亦會傳至生殖器，所以便激起了女性的性興奮。此外，因為肚臍內部的皮膚很薄，所以愛撫這裡會比其他皮膚較厚的部位來得敏感，女性的反應也較為激烈。

總之，肚臍是個不可以強烈刺激的微妙部位，絕對要避免用手指過度地刺激，用口輕柔地「略微按壓」是比較安全而有效的作法。

對肚臍以下做大面積的愛撫

從肚臍到恥丘之間的下腹部，總讓人覺得是個脂肪豐厚的部位，但是，如果刺激方法得宜，對女性來說這會是個極為敏感的性感帶。

這個部位對痛覺較為遲鈍，由於範圍非常大，所以有人會有想愛撫卻不知從何處下手的感覺。這裡是中醫所說的穴道聚集之處，所以對這裡針灸或指壓，對內臟和全身會有很大的影響。

例如，在肚臍和恥骨之間有一個稱為「氣穴」的穴道，刺激這個穴道可以促進荷爾蒙的分泌，對治療婦人病非常有效。這是因為刺激這裡會傳至腦下垂體，而後再傳至副腎和卵巢，使得腦下垂體、副腎和卵巢的荷爾蒙開始分泌。這種刺激當然亦可以激起興奮。

經過這種科學的說明，我想你應該很明確地瞭解了「肚臍下面」的確是個非常重要的愛撫點。

除了這種由物理刺激得到的愛撫效果之外，其實這當中還有心理上的效果。這就和愛撫恥丘和大腿內側時一樣，因為肚臍下面接近性器，男性用口去愛撫時，會帶給女性精神上的興奮。再加上刻意地不去碰觸性器，這種「挑逗」的作法更會提高女性的興奮。對下腹部和恥丘的愛撫就是會有如此好的效果。

『迦摩須多羅』在刺激肚臍下面時是用嘴唇而不是舌頭，這樣接觸面積就變得較大。書中所寫的方法不是用輕觸的，而是採取按壓的方式，這是可以理解的。

當然用嘴唇按壓刺激會較強，這是有原因的。因為若只用舌尖去接觸的話，由於接觸面積小，所以只會讓女性覺得癢。

有時候愛撫用比較尖銳的方式會較好，下腹部便是如此，如果讓這個部位覺得癢，那麼只會得到反效果。找到性感的穴道給予強烈的刺激，才是最好的方法。

正因恥丘的「害羞」才使得女性特別敏感

前面已介紹了恥丘和肚臍間的下腹部的愛撫法，那麼對恥丘又要用怎樣的方法呢？『迦摩須多羅』告訴我們，對恥丘亦可以用「壓吻法」來愛撫。恥丘比下腹部更接近性器，附近長滿了陰毛，可以想像愛撫這裡效果會很好。身體中長著毛的皮膚會較為濕潤，這些部位也都較為敏感。

腋下和頭部都長著體毛，對人類來說兩者都是非常重要的部位，遭遇外來的侵襲時首先便應保護這裡。因為頭有腦、腋下有血管、恥丘有繁衍後代的生殖器，所以不得不覆上毛髮特別地加以保護。

除此之外，陰毛在防止細菌感染方面，也扮演了重要的角色。如果沒有陰毛，細菌便很容易侵入，有了毛之後細菌會附著於其上，侵入便受到了阻礙。而附著的細菌一沖水便能將它洗淨。

所以陰毛較稀的女性，就比較容易受細菌的侵入。自古以來人們就有個疑問：為什麼動物之中只有人類的性器周圍有陰毛呢？換言之，為什麼其他的部位沒有體毛呢？

這個答案自古以來便眾說紛紜。例如：有人說因為原始時代人的皮膚上有許多寄生蟲，為了防止寄生蟲滋生，體毛便逐漸退化；也有人說因為人類開始使用火之後，便不再需要體毛來禦寒，所以便逐漸消失。

還有人認為，在性興奮時為了要引起異性的注意，所以有必要使陰毛這個性徵特別顯眼，其他部位的毛消失正是為了突顯出陰毛。相反地也有人覺得，為了將性器奇特的外觀隱藏起來，所以拔掉其他部位的體毛而僅留下陰毛。不論如何陰毛能夠激起異性的性興奮，這是無庸置疑的。這也是政府當局嚴禁陰毛露出的鏡頭的原因。因為陰毛所引發的視覺上的性刺激效果，政府當局相當地重視。

除了視覺的效果之外，恥丘中陰毛密佈的部分之所以會有濕潤的感覺，是因為這裡有一個叫做頂漿分泌腺的大汗腺，一直分泌出汗水。如此便造成了這部位有種特別的體味，當用口愛撫體丘時，這種體味便會對嗅覺產生刺激。

這樣亦會引起性興奮。聞到自己喜歡的人的體味，即使稍濃也會令你產生興奮。這和動物的外激素具有同樣的作用，都能引發興奮。

腋胸吻是一種「挑逗」的愛撫

在『迦摩須多羅』介紹的親吻女體的方法中，有一種叫做「腋胸吻」的方法。這是一種對整個胸部以及「腋下與胸部之間」輕吻的方法。

所謂「腋下與胸部之間」具體地說，就是在腋下和乳頭一線的中間附近。愛撫這個部位效果會很好。愛撫女性時，胸部最敏感的部位就屬乳頭和這個部位了。

為什麼『迦摩須多羅』要強調用嘴唇刺激這個部位呢？我想這和刺激肚臍下面以及大腿時相同，都具有心理上的效果。也就是說，不先直接進攻最敏感的乳頭，而從周圍開始慢慢地進攻，女性會想著「快要接近乳頭了」而會形成一種「挑逗」的效果。

對進行愛撫的男性來說，他必須瞭解直接進攻要害效果會不佳，所以要壓抑急於刺激乳頭的衝動。親吻女性的「腋下和胸部之間」會帶給她心理的刺激，親吻女性的腳心亦會造成同樣的效果。

在上床前即使把腳心洗乾淨了，心理上卻仍會覺得這是個「不乾淨的地方」。如果男性親吻這裡，女性會覺得「這麼髒的地方他卻不以為意」而得到一種精神上的滿足感。我們先前已提到過多次，這種滿足感會引導女性進入更深一層的快感。

『迦摩須多羅』教我們「按腳趾頭的順序逐一地去舔」，照這樣的作法用嘴唇和舌頭舔她的趾間，女性最初也許會有些吃驚，但是隨著快感的傳來，她很快便會進入恍惚的境界。

【前戲的技巧23】

有時在前戲中要特別強調咬嚙的強烈刺激

除了上唇、口腔、眼睛之外，前述有關接吻的所有部位，都適合愛咬

迦摩須多羅「愛咬與咬傷」

同樣是「咬」卻有八種方法

性交時有人會對極度亢奮的女性，用指甲抓或用牙齒咬。在女性達到忘我的境界時，常常可以看到這種過於激烈的動作。『迦摩須多羅』中，有一段對於興奮狀態女性的描述。

≪女性一邊扯著男性的頭髮一邊咬著嘴唇，並且緊抱著男性。若是她喝了酒，這些動作就會更加激烈，並且還會隨處地咬著男性的身體。≫

對女性來說，咬是一種愛的行為。當然反過來對男性亦是如此。對於刻意壓抑性慾望的國人來說，這種咬對方身體的所謂愛咬的作法，很難令人接受。而對於把性交當作享樂的印度人來說，愛咬是一種極為普遍的技巧。自然地『迦摩須多羅』也介紹了各種愛咬的方法。

愛咬依照其咬的方法可分為許多種：①秘咬②脹咬③滴咬④滴線咬⑤珊瑚寶石咬⑥線鎖咬⑦亂雲咬⑧豬咬等等。下面僅針對各種方法做個簡單的說明。

所謂秘咬，就是被咬部分的肌肉會明顯地變紅。脹咬是指被咬部位的中央會腫起來。還

有根據使用的牙齒來分類的，像只用上下牙齒來咬的叫滴咬。用一塊肌肉的所有牙齒咬的叫滴線咬。另外，同時使用牙齒和嘴唇的叫珊瑚寶石咬，這是將唇痕比做珊瑚、齒痕比做寶石的意思。

還有用全部牙齒咬的叫線鎖咬；亂雲咬是由齒間的空隙所留下的凹凸不平的痕跡。最後所謂的豬咬是指齒型較寬的人，齒痕之間會變紅的情況。

為什麼疼痛會變成快感？

介紹這種愛咬的方法，許多人會覺得很不習慣。印度女性因為被咬而覺得快樂，不禁令我們覺得她們是不是有被虐待狂。但是實際上並非如此。不僅是印度人，中國人也會有同樣的反應。因為女性或多或少都有一些受虐的本性。

當然，完全不表現出受傾向的女性，在性交時被牙齒咬只會感覺到痛。但是習慣了這種行為之後，有不少人會尋求進一步的刺激。我們可以拿巴布羅夫用狗做的條件反射實驗做一個說明。

巴布羅夫在餵狗吃好吃的食物之前，一定都會先用電刺激牠的腳尖。實驗開始的期間給予狗刺激時，狗都會有暴烈的反應。但是重複幾次之後，便有了不同的反應。給予牠刺激時，牠反而會興奮地搖尾巴。這就是基於條件反射，使得對刺激的反應由疼痛轉變為對食物的

期待。

也許將狗的狀況套用在人身上並不是很恰當，但是由愛咬得到的快感，基本上是不會改變的。疼痛之後卻覺得愉悅這樣的形式一再地重複，疼痛就變質為引發快感的刺激劑了。最近由於腦生理學的發達，刺激傳入腦部的線路，人們已有相當程度的瞭解。這也使得我們知道了疼痛和慾望是有關連的。

此外，腦中會製造有如鴉片般能夠減輕疼痛的物質，並且會依精神狀態來調整量的多寡。拳擊手在拳擊比賽時受到重擊，卻不會覺得很痛，就是因為這種腦作用的結果。興奮和疼痛在大腦中彼此緊密地連接著。愛咬變成快感，大概就是因為這種腦部結構所形成的結果。

即使瞭解了女體的構造，愛咬時仍須細心地注意

使用愛咬的方法可以提高女性的興奮，但也可能變成強力的武器。所以我們並不鼓勵經常使用這種愛撫技巧，應該要適度地使用。例如，每次和戀人性交時便使用愛咬，結果使得對方覺得身體不被咬便無法得到滿足，這樣無疑地變成了一種悲劇。

對纖細的東方女性來說，仍無法承受因用力地愛咬而產生的疼痛。在愛撫之中，如果直接咬大腿的話，她們會覺得這是一種變態的作法。另外由衛生方面來看，愛咬是一種不值得

鼓勵的技巧。前面我們曾提到過，口腔和牙齒都充滿了許多細菌，如果咬傷了對方很容易便會使傷口發炎。

而印度所提倡的愛咬，是基於男女感情已相當深厚，而在性交上尋求變化所進行的。

『迦摩須多羅』也告訴我們：

≪在女性尚未習慣前，應該避免使用指甲和牙齒來愛撫。≫

如果要使用的話，一定要先考慮與對方的關係以及狀況後，再輕輕地去做。

這種愛咬的方法，當然不是只顧著咬就可以了。不僅不能太強使對方疼痛，也不能太弱使對方覺得癢。真正的快感應該是強弱適中的。剛開始將牙齒頂著輕輕地咬，之後再視對方的反應逐漸加力道。當然接觸部位的不同，接觸的方式、強度也要跟著改變。

愛咬的重要部位大致來說包括耳朵（耳垂）、嘴唇、舌頭、乳頭、臀部以及陰蒂等。在愛撫耳朵的時候、輕輕地咬比較有效。將舌頭伸入耳穴給予刺激之後，使用持續的愛撫會使女性的快感更加提昇。

對於嘴唇和舌頭的愛咬，可以當作是接吻的一部分來進行。在兩唇相疊之時，用牙齒輕咬對方的下唇。另外，當對方將舌頭伸入你口中時，也同樣用牙齒輕輕地咬。這種動作能夠更加使親吻時，兩人有融為一體的感覺。

對乳頭愛咬時，必須特別注意對方的興奮狀態。我們前面曾說過，女性在興奮時乳頭會更為明顯，用牙齒咬乳頭時，乳尖會隆起。如果在對方尚未達到興奮狀態你便對乳頭愛咬，她便會覺得很痛，而大大地影響了情緒。

對陰蒂的愛咬要比對乳頭更加注意。陰蒂和男性的陰莖一樣，都是由海綿體組成的。興奮時會因血液集中而勃起。所以只要受了一點點的傷，就會有大量出血的可能。女體的這些特別纖細的部位，在愛撫時都應該格外細心。

相反的，臀部則是較不需要特別小心的愛咬部位。這裡因為皮下脂肪豐厚而且血管少，所以感覺遲鈍不易流血。也因為這裡平常看不見，所以即使留下了齒痕，女性也較不會強烈地抗拒。

吻痕會使女性得到心理的滿足

愛咬的方法因部位的不同而略有差異。但是基本的原則是肉薄血管密度高的部位，要輕柔地咬。相反的肉厚血管少的部位，則可以稍微用力地咬。所以首先，我們必須好好研究女性的身體，將較強的部分和較弱的部分區分出來，使得愛咬能夠充分地得到樂趣，而不致發生問題。

此外，『迦摩須多羅』介紹了許多對身體各部位的愛咬方式，其中有一些和提高快感沒有直接關連的。例如，書中記載著「用二顆牙齒咬眉和眉間」，這就是透過宗教而得到心理

上的效果。對信仰印度教的女性來說，眉間是全身最重要的部位，這裡被愛咬而留下齒痕，就等於意味著自己已經完全地付出。當然這只是針對印度女性才有的效果。

『迦摩須多羅』之所以鼓吹愛咬，必然不只是為了求取性的快感。眉間被男性留下齒痕，就等於是男性深愛自己的證明。這和他們的國情有密切的關係。

『迦摩須多羅』中，介紹了下面這段古代的說法。

《白天在人多的場所，男性被人看到女性咬的齒痕時，女性先會露出微笑，而後卻裝作嫌棄男性般地背過頭去擺出怒容，這時她身上被男性咬的痕跡也被人看到了。由這種兩情相悅的動作可看出，兩人的愛情將百年不衰。》

所以愛咬不光只是為了生理上的滿足，同時也是為了得到心理上的滿足。最近的女性常常會不去隱藏戀人所留下的吻痕，也許她們是把這個痕跡當作是「愛的勳章」吧！

【前戲的技巧24】

口交要先從使用整個舌頭的愛撫開始

男女以相反方向橫躺，互相用口舐對方的性器

迦摩須多羅「口唇性交」

女性的興奮逐漸提高，接著便要使用嘴唇和舌頭愛撫性器了。『迦摩須多羅』中有著如下的記載。

《男女以相反方向橫躺，互相用口舐對方的性器。》

這就是俗稱的69姿勢。也就是男性對女性性器、女性對男性性器同時接吻的行為，這是現在我們常使用的愛撫法。

「下面的口」用「上面的口」來進攻

以前不管是中國或是歐洲，基於宗教以及制度上的原因，都不贊成用口接觸性器的行為。有名的精神分析家弗洛依德也將口交視作一種「性的倒錯行為」。但是，古印度人卻早以使用嘴巴對性器愛撫，這種作法的「先進性」實在令人佩服。

但是，對於口交我並不十分贊同，這點我在後面會做詳細的說明。不過口交的確是一種在生理學和心理學上都有極佳效果的愛撫術，所以在此先針對其作法做個說明。

對女性來說，自己的性器被男性接觸，很自然地便會產生亢奮。前面已好幾次提到過，這種心理的效果，是性交過程中相當重要的。以生理學來說，像嘴唇貼著嘴唇，就是愛撫的一種基本行為，藉著使用敏感的部位去攻敏感的部位，效果會很好。

因為嘴唇和女性性器都是柔軟而且極為敏感的器官，接觸女性性器時，接觸者和被接觸者雙方都會得到極高的快感。而且大致上不必太細心地去做就可達到這種效果。

這個要領就是在愛撫女性性器時，用整個舌頭去按壓以及磨擦。這主要就是一個接觸面積的問題。與其最初便直接用舌尖給予陰蒂和陰道尖銳的刺激，還是用舌頭做大面積的輕柔刺激，使對方先習慣這種愛撫較好。

另外以舌頭來說，舌尖的部位較為光滑，而中間部分則較為粗糙，因為這種不同給予女性的刺激自然也有所差別。而最舒服的刺激是來自中間較粗糙的部分。一邊用舌頭做大面積的刺激，一邊也配合粗糙部分的尖銳刺激，這樣一定會使女性非常舒服。

這種愛撫混合了尖銳的刺激和較遲鈍的刺激，感覺上似乎有些矛盾，但這對提高女性的興奮仍是很有效的。

處女的陰道內保持著「純淨」

在此我就說明一下反對口交的原因。我主要的顧慮是陰道往往是不潔的。

前面引用的那段『迦摩須多羅』的記載，其實它的下一句是這樣的：

《這種動作叫做烏鴉交叉。這個交叉的樣子，就好像烏鴉在啄汚物一般。》

這就是說用這種愛撫性器的方法，就像是吃髒東西一般地不合衛生，雖然形容得過於誇張，但我們仍能體會出其中的含意。當然，這種「烏鴉交叉」的六十九姿勢，對男女雙方來說都同樣地不潔。我覺得書中之所以這麼寫，大概是因為這些部位正是排泄物的出口之故。若是以現代醫學的角度來看，則可以看得更深入。

以男性性器來說，因為是向外突出，所以可以將汚物洗淨。但是女性的性器則是向內凹入的，很難將陰道內洗淨。再加上女性的性器，在構造上就有許多的溝槽及凹痕，在這些濕潤的環境中細菌很容易大量地繁殖。

我們實際地以顯微鏡觀察性器周邊的體液便會發現，在陰道內和陰道口附近都充滿著細菌。這也就是我不敢肯定口交這種作法的原因。

也有的女性陰道是清潔的，最具代表性的就是處女。處女的陰道因為有細線桿菌的存在，能夠保持住適當的酸鹼度，所以可以防止細菌入侵保持清潔。

即使不是處女，只要做一些防止雜菌入侵陰道的措施，像是保持肛門周邊的清潔，以防止來自肛門的腸內細菌侵入，這樣仍是可以用口接觸女性性器的。

有一句話說女性的身體是「外面吹風，肚子裡也會被風吹到」，這便是指陰道連接了腹腔和外界，而藉著細線桿菌才得以防止外界細菌的侵入。

這種封閉陰道的出入口以防止細菌侵入，可以說是腹腔內的水路作戰。

男性具有想親吻異性的本性

最近隨著衛生觀念的發達，所謂的性交感染症常常被提起。也因此，有愈來愈多的人對親吻伴侶的性器感到排斥，但是，基本上我覺得喜歡親吻性器的這麼做也未嘗不可。

本來人類便具有好奇心，想一窺性器的究竟，也想看看肛門和尿道口的樣子。這可以說是一種本性。而受到本性的驅使，看過後下次便想去摸，而摸過後下次就想用嘴去舔。像這樣的慾望是沒有止境的。

這就有點像是嬰兒的行為。即使眼睛還看不太清楚，但摸到乳頭便吸乳頭，碰到手指便吮手指。想要把東西送入自己口中，其實正表現了一種想要將它占為己有的潛在意識。根本地來說，親吻對方的性器，正是一種自然感情的流露。

『迦摩須多羅』中曾提到，有些地方的人們，會認為親吻性器是一種違反聖教的下流行為，而大加韃伐，所以古印度人也有不少人在心理上排斥這種作法。

但是，『迦摩須多羅』也提到，像性愛這種行為，人們應該依照當地的習慣以及自身的喜好去進行。我也非常贊同這一點，如果你非常深愛對方，那麼就毫不考慮地去做吧！

【前戲的技巧25】用舌頭去舔大陰唇和小陰唇之間的溝

有時也用愛撫男性性器的方法愛撫女性性器。這時應該要當作是在接吻一般
迦摩須多羅「口唇性交」

口交時要像親吻女性嘴唇一般地溫柔

『迦摩須多羅』中有一章叫做「口唇性交」，其中記載了許多用口愛撫性器的方法。前面介紹過的69姿勢便是其中之一。對於要如何愛撫陰蒂、如何刺激小陰唇，卻鮮少有詳細的說明。不過對男性性器的口交，卻有非常詳細的說明，例如：

≪用嘴唇內側含住男性陰莖的前端，一邊輕壓一邊慢慢抽出。≫

這段文字對動作的描述相當仔細，使我覺得古印度人對男性性器口交應該也像對女性性器口交一般，有相當純熟的技巧。如果將這裡的「陰莖」換成「陰蒂」，應該也可以當作是一種對陰蒂的愛撫法。

從組織學來看，陰蒂就相當於陰莖的龜頭部分，所以我們便可以瞭解前面的替換是有道理的。但是，雖然在組織學上兩者構造相似，但在快感的程度上，兩者卻有天壤之別。陰蒂比龜頭還要敏感好幾倍，對刺激的反應相當靈敏。因此必須十分注意愛撫的強度以及方法，

儘可能輕柔地進行。『迦摩須多羅』也這麼記載著：

《有時也用愛撫男性性器的方法愛撫女性性器。這時應該要當作是在接吻一般。》

也就是在愛撫女性性器時，必須要像女性的嘴唇一般給予輕柔的刺激。由此可看出『迦摩須多羅』也充分體會到了女性性器的敏感。

對大陰唇施予波狀攻擊，等於間接地愛撫了陰蒂

那麼怎樣用嘴唇愛撫陰蒂才好呢？關於這一點因為『迦摩須多羅』中沒有提及，所以我就為各位解說一下有效的愛撫方法。在這之前，先說明一下陰蒂的快感程度以及它的構造。

普通我們稱為陰蒂的部分，也就是相當陰莖中的龜頭部分。也許你會覺得沒有與陰莖的棒狀部分相對的部位，其實還是有的，它正隱藏在大陰部的下面。

這個部位稱為「陰核腳」，它是由海綿體所構成，當興奮時會充血使得大陰唇變大變厚，而呈現紅色。這個部位在解剖學上可以區分為三片，而只有中間一片的前端可以用肉眼觀察到。換言之，這就是與陰蒂、大陰唇在構造上相連的部分。對隱藏於大陰唇下的陰核腳愛撫時，便會間接地刺激陰蒂。因此，對大陰唇用舌頭舔或用嘴唇壓都是很好的作法。

對女性性器先採用這種愛撫，比直接刺激陰蒂會有更好的效果。而先對周邊部分做輕柔的、波狀的持續攻擊，會比直接接觸來得好。用舌頭舔大陰唇，女性會非常興奮，並且會急

於使陰蒂接受刺激，而自己將陰蒂湊向男性的口部。但是，即使如此仍不要直接接觸陰蒂，仍繼續進攻周邊部分。這種波狀攻擊的「挑逗戰法」，才是提高女性快感的最佳方法。

陰蒂的敏銳感覺到底到什麼程度呢？這就好像輕柔地刺激男性龜頭最前端的尿道口附近，所得到的那種刺癢難耐的強烈快感。仔細地說就是女性將陰莖的尿道口頂開，用舌頭不斷地舔，所得到的那種想要排尿的強烈快感。女性陰蒂大致上與這種感覺類似。

沒有經驗的男性，可以在浴室將龜頭抹上肥皂泡，自己做個實驗看看。摩擦龜頭邊緣的部分不久便會射精，但如果摩擦尿道口周圍，則會覺得難以形容的酥麻，而產生強烈的快感。這種快感透過背肌而傳至大腦，使射精時間無止境地延伸。這種強烈的感覺，我覺得就和舔大陰唇時女性所得到的快感相似。

進攻大陰唇和小陰唇間縫隙的方法

除了大陰唇之外，舔大陰唇和小陰唇間的縫隙，也會有很好的效果。這個縫隙在解剖學上並沒有特定的名稱，而部分專家將它稱為「陰唇間溝」，屬於女性最高的性感帶之一。

但是，有許多男性知道小陰唇和大陰唇是性感帶，卻不知道這之間的縫隙也是性感帶，這就表示了陰唇間溝是一個較不為人知的性感帶，所以我們也可以稱為性感帶的縫隙。

這個部位之所以會有如此敏銳的感覺，是因為有許多迷走神經匯集於此的緣故。迷走神經是自律神經之一，屬於中樞神經的一部分，但是它卻像末梢神經一般分布於全身，呈現迷走的狀態所以得到此名。迷走神經其實正扮演了女性快感的主要角色，愛撫迷走神經集中的部分，女性便會覺得高度的快感。

這種快感神經分佈密度極高的部分，也就是高感度性感帶，大陰唇和小陰唇間的縫隙就是其中之一。這裡有動脈和靜脈所合成的血管群，像這麼重要的部位，以防衛身體的角度來看，密集了各種神經是理所當然的，也因此感覺變得特別敏銳。

像這麼敏銳的部位，就像陰蒂一般，過強的刺激只會造成反效果。為了提高快感，從大陰唇內側朝小陰唇的方向給予輕柔的愛撫，效果會比較好。

從這點來考慮，用舌頭會比用指頭來得恰當。此外陰唇間溝並不像手腕和肩部的皮膚一樣，厚厚地沒什麼強烈的感覺。這裡因為接近粘膜，所以應該避免用指頭，而應該使用柔軟的口部較為適合。

在使用舌頭愛撫大陰唇和小陰唇間的縫隙時，女性會扭動身體，或是感到刺癢難耐的強烈快感。光是這種刺激也許還不能達到極度的快感，但是在這之後連接著對陰蒂的直接愛撫，以及高潮前的愛撫，這樣便算是一個很好的技巧了。

但是，這個縫隙中容易積存恥垢。有些缺乏性經驗或是性成熟度低的女性，會有排斥手接觸這個部位的傾向。甚至連沐浴時都不敢接觸這個部位。

但如果男性給予她充分的安全感，使她不要對這種行為顧忌，女性可能反而會覺得「自己這麼髒的部位他卻仍細心地憐惜著」，而得到一種滿足感。

女性的這種愉悅，換句話說就是完全地在精神上得到滿足。因為這是她前所未有的感受，所以能夠使她享受到更深一層快感的性交，而這正是愛撫原本的目的。對方越是性成熟度低的女性，男性就越有必要藉著這種愛撫使她體會到什麼才是真正的性交。

尿道口是黃金三角地帶所隱藏的性感重點

我想更進一步地讓各位知道一種用舌頭刺激女性尿道口的方法。用舌頭舔男性龜頭前端的外尿道口時，會有相當程度的快感，同樣的用舌頭刺激女性的這個部位，也會產生強烈的快感。

但可惜的是，有許多男性無法確認女性尿道口的確切位置。

儘管性報導是如此地氾濫，卻仍不能為大衆清楚地說明女性這個重要性感帶的位置，實在令人感嘆。如果既不知道這個性感帶的位置，又沒有愛撫那裡的慾望，那麼便無法期待性生活的充實。

撥開小陰唇，便可看到上部的陰蒂和下部的陰道口。而兩者之間有一個極小的隆起，那就是尿道口。當然，尿道口在排尿以外的時間是封閉的，只剩下一個極小的裂縫。

從陰蒂下端到陰道口之間被稱為「陰道前庭」。上方的陰蒂、左右的小陰唇、以及下部的陰道口，都是女性最敏感的性感帶，所以陰道前庭自然亦是一個極為敏銳的性感帶。將敏感的陰蒂、小陰唇、陰道三點連起來的部分，稱為「黃金三角地帶」，這個黃金三角因為是皮膚和粘膜的接合部位，集中了各種神經末端以及快感接收器，所以敏感度相當地高。有的女性光是被愛撫這裡便能達到高潮。

對尿道口愛撫的方法，仍然不可以用指頭，用口去愛撫則最為適宜。因為這裡是柔軟容易受傷的部位，用手指摩擦可能會令女性難以承受。又由於小陰唇的保護，這裡顯得極為狹小，不太容易用嘴唇愛撫，所以用舌尖對細密的部分做輕柔的刺激，是最好的作法。

剛開始可以直接舌尖接觸，或者輕輕地用舌尖點狀地接觸。這時女性可能會有身體微顫、大腿緊繃的反應。在持續地愛撫使女性習慣，而你判斷可以做稍強的刺激時，則將舌頭變尖開始用舔的。

但是，仍須注意要保持輕柔。這時速度要加快，花時間持續地舔。這樣女性不僅陰道口會得到快感，因為這種有彈性的輕柔刺激亦會傳至「黃金三角地帶」的陰蒂和小陰唇，所以會引起強烈的性興奮。

這時女性會急於使陰蒂和小陰唇得到刺激，但是你仍須平心靜氣地一邊挑逗她，一邊持續地舔尿道口，這樣一定會使她內心深處強烈的性慾火完全燃燒。

【前戲的技巧26】用舌頭輕舐小陰唇的皺褶

嘴唇貼著性器，並且左右搖晃臉部

迦摩須多羅「口唇性交」

依小陰唇形狀的不同，而變化愛撫的方法

『迦摩須多羅』中有如下一段記載。

《用手握住男性的陰莖，嘴唇頂住其前端，並且左右搖晃臉部。》

也就是縮起嘴唇套在陰莖前端，然後左右搖晃頭部刺激龜頭。這種技巧換作是刺激女性的場合時，可以用來刺激小陰唇。

表面上，對陰蒂似乎也可以用這種愛撫，但是因為刺激過強所以並不適宜。而小陰唇能夠承受較強的刺激，所以運用這種方法較為適合。

在介紹具體的愛撫術之前，我想先針對小陰唇做個說明。每個女性小陰唇的大小和形狀都有很大的差別，所以依照其尺寸以及形狀而改變愛撫方法，是有其必要的。

小陰唇的大小和形狀主要取決於先天的因素。但是因為性成熟度、性經驗的多寡、是否曾生產過、以及年齡和人種的不同，也會有很大的改變。

我們曾經實際地針對九千名女性的小陰唇做過詳細的調查，結果發現性交經驗越多，小陰唇的前端就越發達。我想這是因為每次性交的時候，陰莖都會摩擦到小陰唇的前端，所以才造成了這種結果。反過來說，缺乏性經驗的十幾歲女孩，和其他年齡的女性相比，鮮少有小陰唇前端發達的，而中間部分發達的比例較高。

我們假設小陰唇各處的厚度相同，處女和十多歲的女孩厚度大概在兩公釐以下。而沒有生產過但有性經驗的女性，大多超過五公釐。此外，有的女性僅是部分較厚，有的則是整體都很肥厚。小陰唇的末端也就是肛門邊，有左右兩片相交的融和型以及分離的乖離型，兩者的比例是百分之五十六對百分之四十四。另外，白人女性的小陰唇也較東方女性來得大。

因為個人的差別如此地大，誰都無法訂出特定的方法，所以針對個人狀況來改變愛撫方法，才是最正確的。

有感覺時，小陰唇也會「聳立」

對於尺寸較小的小陰唇，男性可以伸出舌頭接觸整個小陰唇，再慢慢地舔。或者將舌頭像是要將小陰唇纏繞般地活動。

而對於較大的小陰唇，除了用舌頭之外，亦可以使用嘴唇。將嘴唇夾著小陰唇左右地搖晃，並且用舌尖去舔，這種適當的摩擦和按壓效果相當好。若是此時再配合舌頭的刺激，效果會更好。這種愛撫法就是標題中所引用『迦摩須多羅』的愛撫法。

不管是用舌頭愛撫較小的陰唇，或者用嘴唇刺激較大的小陰唇，有一點是必須要留意的。

那就是我們在先前介紹其他的愛撫法時曾一再強調的，愛撫基本上要輕柔並且漸進的。也就是說，如果用整個舌頭愛撫，不能一下子便把整個舌頭貼上，而應該先輕柔地進行，做好漸進的心理準備，不要操之過急。使用嘴唇來愛撫也是一樣的。

此外，也不要忘了要變化進行的速度。光是用舌頭和嘴唇頂著小陰唇，這種刺激很快便會麻木了。一邊活動一邊按壓，給予不同的強弱節奏，便能使刺激不斷地持續。

更深入地說，即使是同一個女性，在愛撫時小陰唇的形狀也會有所變化，所以應該針對其變化給予不同的刺激。

女性被愛撫而產生性亢奮時，小陰唇會變厚變硬，有時會突然聳起。當小陰唇處於這種「聳立」的狀態時，如果是較小的小陰唇，而在此之前你是使用舌頭按壓的話，此時你可以改用嘴唇輕夾，或者用舌尖輕舔聳起的小陰唇稜線。像這樣持續地用口愛撫小陰唇，即使陰莖不插入，有的女性仍會達到高潮。

女性性器中這個令人憐愛的「小花瓣」是否有反應，全靠你是否採用漸進的方法。

【前戲的技巧27】 用舌尖輕觸陰蒂，並且微微地震動

用舌頭頂著性器的前端並且往外吸

迦摩須多羅「口唇性交」

在進攻大腿、大陰唇、小陰唇之後，女性的快感逐漸昇高，接下來便是用舌頭和嘴唇進攻陰蒂的時機了。『迦摩須多羅』在「口唇性交」一章中，介紹了下面的方法。

≪用口深深地含著男性性器，舌頭頂著性器前端，並且向外吸。≫

這同樣也可以應用在陰蒂上，先用口含著再用舌尖去刺激。

但是，對男性性器的口交和對女性性器的口交，兩者所接受的刺激基本上便有所差異。用嘴愛撫陰莖時，可以給予適當的強度，但是刺激陰蒂時便不能如此。我們反覆地強調陰蒂的敏感程度超乎我們的想像，如果用愛撫男性性器的方法來愛撫陰蒂，快感就會變成痛楚。有許多男性誤解了這一點，而隨便地用指頭強烈地「拍打」陰蒂。這會使得女性覺得相當地恐懼。

不可以用手指「拍打」陰蒂

對陰蒂的刺激越弱越好。女性一定也會這麼覺得。

那麼要怎樣愛撫才好呢?首先要記住「以柔軟的部位輕柔地接觸柔軟敏感的部位」這個愛撫的原則,而用嘴極為輕柔地去愛撫。

用嘴唇慢慢地接觸,然後用舌頭輕輕地舔,儘量避免超過這個程度的激烈愛撫,那麼就沒有什麼問題了。

其實陰蒂是由相當於男性龜頭的陰蒂頭,以及相當於男性包皮所組成。簡單地說,男性陰莖前端的那小塊,就相當於陰蒂。

此外,陰蒂也和陰莖一樣,有被包皮覆蓋的包莖型,亦有露出陰蒂龜頭的類型。據我調查的結果,露出的比例大概占了兩成五。依據類型的不同,愛撫的方法是否也應該不同?大部分的人都不太敢確定。

其實明白地說,不管陰蒂龜頭是被陰蒂包皮包著,或者是露出的,都可以直接用嘴唇和舌頭去刺激。

也就是說,如果龜頭被包皮覆蓋著,而刻意撥開包皮使龜頭露出,這是沒有必要的。如果莫名奇妙地撥開包皮來刺激,反而會因刺激過於強烈而引起女性腰部疼痛。

如此一來,高亢的快感便會在瞬間消失,這是希望藉著性交使得男女同時達到高潮的人,所不願見到的。

相反的,如果陰蒂龜頭原本就是露出的,則可以直接地愛撫。因為龜頭露出的女性,經過小陰唇和大陰唇長期的自然摩擦，便不會像包莖型的陰蒂那麼敏感。

另外，每個女性的陰蒂大小以及形狀都有差別。但是敏感度卻與大小、形狀無關。敏感度牽涉到感覺接收體的密度問題，所以即使外表看起來很小的陰蒂，如果密度高則敏感度自然也高。

敏感度高的陰蒂，會逐漸勃起。這是由於外在的刺激使得陰蒂因為海棉體充血而增大。所以當我們看到陰蒂明顯地增大時，就表示女性希望陰莖插入了。

【學習印度性典中提高愛撫效果的方法】

■分辨插入後女性快感程度的方法(1)

為了使男女高潮的時間一致，『迦摩須多羅』中詳細地記載了性交中女性的反應。

【剛插入時的反應】

※陰莖插入後陰道的騷癢感便會消失，女性在感覺到快感後，陰道壁會分泌出黏黏的愛液。

↓女性在受到性刺激而引起興奮時，陰道的血液會急速地增加，所以陰道壁會產生這種出汗現象。

※性交進行時女性的快感昇高，而開始喘息。

↓感受到快感時，腦中會分泌有如嗎啡般的「快感物質」，而引起喜悅的呻吟。

【高亢的快感持續時的反應】

※女性會用手抓住男性的頭髮，一邊親吻一邊緊抱著男性的身體。

↓亢奮時，女性會緊密地貼著男性，這是她希望在心理上和肉體上都與男性融合為一體的表現。

※女性會將一隻手環著男性的背，使男性的胸部貼近自己，並且親吻男性的嘴唇。

↓原本應該是被動的女性，卻主動的親吻，這就是她已經十分亢奮的證據。

【前戲的技巧28】與其將舌頭深入陰道，不如細密地震動陰道口

迦摩須多羅「口唇性交」

像吃芒果一般地吸吮

前面我們已介紹了許多『迦摩須多羅』中「口唇性交」也就是口交的技巧，接下來我們還要介紹一種愛撫法。

《將男性性器的外皮撥開露出龜頭，然後像吃芒果一般地吸吮。》

這裡是把芒果比喻成男性性器。也就是說就像我們在吃多汁的水果時，舌頭和嘴唇必須要好好地控制，才不會讓汁滴出來。

另外，這裡提到所謂「吸吮」的技巧，這運用在男性性器以及女性器時，在形態上是不同的。也就是必須要考慮到舌頭伸縮運動的問題。前面我們所介紹過的使用舌頭接觸女性性器，都是使用舌頭中央的粗糙部分去按壓摩擦。但是在此我想說明的是，不僅要愛撫女性性器的表面，更要將舌頭伸入陰道的內部。

與其愛撫陰道深處，不如愛撫前端

其秘訣就在於有節奏地使用舌頭。先將舌尖伸入摩擦陰道前壁，再將舌頭縮回按壓陰道

後壁。有時也可以用舌尖頂撞陰道口。然後再進一步地將舌頭左右搖擺，有節奏地伸縮舌尖。

此時，並沒有必要將舌頭深入陰道深處，因為女性陰道最敏感的部分，就在陰道口附近。超過了三分之一的深度也就是子宮的附近，就完全沒有感覺接收體了。感覺接收體多的地方，在性交時會因陰道內肌肉的膨脹，而形成一個高潮平台。這些完全都集中在陰道的前三分之一處。

有人說短的舌頭較不能使女性愉悅，但是當我們知道了陰道最敏感的部分是在陰道口的這個事實之後，即使舌頭短也可以重建信心好好發揮了。

但是，在愛撫陰道時有一點是必須提醒你注意的。那就是有的男性在愛撫陰道時，會像小孩吹氣球般地對陰道吹氣，這種行為必須絕對禁止。因為女性的身體和男性的不同，她的腹腔和外界是相通的，這麼做的話可能會帶來危險。

對陰道用力地吹氣，會提高腹腔內的氣壓而使橫隔膜上升。如果用力地對陰道吸氣，又會因氣壓降低而使橫隔膜下降。橫隔膜的上昇下降會使得胸腔收縮或擴張，所以對陰道吸氣、吐氣，有時會造成女性呼吸困難。事實上，已經有女性因此而死亡的例子。

因此隨便地對陰道用力地吹氣、或是用力的吸氣，不但不能使女性產生快感，反而會造成痛苦。

在來回地刺激肛門和陰道時，也「順便」刺激會陰部

如果你用舌頭愛撫陰道，而女性是仰面躺著，那麼你的鼻子就大約在陰蒂附近，而下巴則在會陰部附近。若你同時使用鼻子、舌頭、下巴做「三點攻擊」的話，效果會非常好。

最近因為非常盛行刺激陰蒂，所以會陰部常常被人忽略，但是，它卻是從前為人所熟知的性感帶之一。所以在口交之際不可以忽略這個部位。

會陰部大概是因為它連結了肛門和外陰部，所以得到此名。那麼為什麼會陰部屬於第一級的性感帶呢?這是因為陰道以及肛門周邊的球海綿體肌和肛門舉肌在此會合，使得這裡成為陰道和肛門這兩大性感帶的連接點，再加上會陰部的皮膚中，有和性器同樣的神經經過，所以才造成這個部位極為敏感。

也就是說，如果我們刺激這裡，等於是對陰道和肛門同時刺激。

有的女性會因為坐機車或騎馬時的振動，而得到快感，這就是刺激到會陰部的關係。由此可見會陰部是相當敏感的，所以在愛撫這裡時，要特別輕柔才好。

假設對性器的愛撫，大陰唇、小陰唇、陰蒂占了十分之八，肛門占了十分之二，對會陰部則只要在經過時略為碰觸就可以了。

不管是由前至後或由後至前，在經過的時候便可以「順便」用舌頭輕觸。但如果單單只

是刺激會陰部，可能因為刺激過強而招致反效果。

附帶一提的，由會陰部便可以看出這個女性是否曾經生產過。

若是女性仰面躺著雙腿張開，而你從她腳的方向看過去的話，正面看到的是女性性器，下面是會陰部，再下面應該是肛門，但是有的人因為會陰部揚起所以肛門便無法看到。我們從小陰唇向著會陰部的方向看，便會發覺接近肛門附近便呈現了大角度的凹陷。也正因這個凹陷使得肛門無法看到。

像這樣因為會陰部揚起產生像河堤般的急斜面，而使肛門無法看到，一般來說除了剖腹生產和流產之外，這個女性一定還未曾生育過。反過來說，如果會陰部很平坦，當做出前述的姿勢時便能夠直接看到肛門，那麼這個女性一定曾生產過。

會陰部大約三公分，女性在透過產道生產時，原本揚起的會陰部便會變得平坦。

那麼，揚起的會陰部和平坦的會陰部，那一種的快感較高呢?當然是前者。因為揚起的會陰部等於是一個刺激的緩衝器，所以能得到較為纖細的反應。

第三章

提高女性快感的前戲技巧　身體篇

男性溫柔地接近女性的話，她便會卸除羞恥心的偽裝

●使用全身來愛撫，便會產生穿透內心的高度快感

不知道從什麼時候開始，年輕女性常會使用「Feeling」這個字。而男性卻很輕視這個字。但我覺得這個Feeling是男女之間極為重要的，沒有它便不必談什麼性交了。

所謂Feeling也就是感覺、感性的意思，這是一種心靈的反應。現代人的性生活往往缺乏了這種「心」。

男女若是真心相愛，便應該尊重對方的人格，並且多瞭解對方的心。這樣兩人在床上時，才能同時在肉體和心靈上得到充分的滿足。

『迦摩須多羅』中一再地強調在性交時，男女心靈互通的重要。男女不光是要性器結合，更要讓心靈充分地交流才能真正體會到歡愉。換句話說，性交不僅要重視物慾更要注重精神，身心都獲致滿足才是性交的最高境界。

所謂「迦摩」也就是「愛」的意思，所以『迦摩須多羅』也有人翻譯成「愛經」。這本性典將愛看作如此地重要，因此我們可以說這本書不光是「性技」，更是一本「性

愛」的聖經。

為了尊重女性的人格、提高女性的快感，『迦摩須多羅』剛開始便敍述以擁抱來舒緩女性心理的緊張，而這部分占了極大的篇幅。

擁抱看起來很單純，其實卻有多樣的方法。書中如此詳盡的介紹，乃是因為擁抱是使女性鬆弛並且讓兩人能夠順暢地進行交流的最有效方法。

其次，書中也詳細說明了男性使用全身去進行的愛撫方法。女性身體的各部分都是愛撫的目標，所以刺激的方法也有很大的不同。這本書因為相當重視愛撫，甚至把它看得比性交還來得重要。這一章便是介紹使用身體、腰、腳、陰莖等，以提高女性快感的愛撫術。

【前戲的技巧29】擁抱等於同時結合了對全身的接觸、壓迫與摩擦

就如同藤蔓纏繞樹木一般，女性將身體纏繞著男性的身體

迦摩須多羅「擁抱」

女性若不能從擁抱中得到充實感，她便不會達到高潮

要營造男女間的愛，一般都是從擁抱開始。兩人身體緊密地接觸，彼此的肌膚深深地結合，光是這樣女性便能充分地陶醉其中。由此可見，擁抱也是一種有效的愛撫法。

在『迦摩須多羅』的第二章中，詳細地記載了「性交時的擁抱分成四種方法」。

≪就如同藤蔓纏繞著樹木一般，女性將身體纏繞著男性的身體，然後短暫地凝視稍遠處，並且親吻男性。或者同樣地纏繞男性的身體，然後像是誇讚他的俊美般地凝視他的臉，這叫做凝神擁抱法。≫

就像藤蔓纏繞樹木般地擁抱——我們只要稍微想像一下這種擁抱的姿勢，便會知道就是女性儘可能將身體與男性的身體緊密地接觸。也就是『迦摩須多羅』所說的接觸面積廣、身體和身體密接性高的擁抱。

女性在床上時，會想要緊緊地抱著男性，事實上期望強烈地擁抱，這是不論古今中外的

共通願望。男性則希望女性拉著他的手，告訴他想做「那件事」。肌膚越是緊密地接觸，女性在精神上就越會有強烈的融合感。

而這種融合成一體的感覺會使女性產生充實感和安全感。對女性來說，若是要得到性交最高的快感，首先便不能缺少這種充實感和安全感。性交若是懷著不滿和不安，那麼一定無法達到高潮。

在性交時如果直接強烈地刺激女性性器，並且很快地插入陰莖，這樣女性也許有快感，但是更會覺得痛苦。為了使女性達到高潮，並且得到更充實的性交樂趣，最好不要先直接愛撫性器，而應該先從全身緊密接觸的擁抱開始。

此外，也不必一定要像前面引用『迦摩須多羅』中所寫的那樣，由女性去緊緊地抱著男性。

對於尚未習慣性交的女性來說，要她去緊抱男性，她一定會猶豫不決，這時由男性來做也可以的。

擁抱要有「強弱」之分

『迦摩須多羅』教我們的第二種密接的愛撫法就是「好像爬樹般地緊緊抱著」。也就是像爬樹一樣地用腳繞住對方的腳，手則環著對方的背和肩，身體緊縮著。這種愛撫方法也能夠使彼此的身體緊緊地接觸。

爬樹時為了不從樹上掉下來，所以我們會手腳互繞、胸部和腹部緊緊地貼著樹木。而將樹木換成人，你應該很容易便能體會這種姿勢的目的。

剛剛介紹過「像藤蔓般纏著對方的身體」的第一種密接愛撫法，它以大範圍的身體接觸為目的。而第二種方法不僅接觸範圍廣，更藉著強烈的擁抱給予女性壓迫感。

與女性身體密接並且給予壓迫感，會使她得到更深一層的滿足感和充實感，這將成為提高快感的開端，之後再對她的外性器直接刺激，效果會相當地好。

另外，你再注意一下這種也稱為「爬樹式接觸」的愛撫法便會發現，光是緊抱著樹並不能往上移動，若是要往上爬身體就必須要動。人在爬樹時會利用手腳的活動使身體朝樹的上方移動，這個「活動」就是最重要的一點。

對人體施予壓迫在剛開始一定有感覺，但一直不動地壓著，壓迫感不久就會逐漸地消失。也就是說用同樣的強度一直抱著，原本感覺很好的壓迫感便會逐漸消失，反而只會讓女性覺得胸部被勒緊並且呼吸困難。這樣當然稱不上是一種愛撫。

因此，必須活動身體改變壓迫的部位，並且有節奏地變化壓迫的強弱。我想這就是『迦摩須多羅』教我們的「像爬樹般地『活動』」。身體緊密地接觸，並且藉著男性的活動，便能使女性從擁抱中得到滿足感。

『迦摩須多羅』在說明愛撫法時，使用「像藤蔓纏繞般」、「像爬樹般」等趣味的表達方式，以現代科學的角度來看，亦是相當適切並且意義深長的。古印度人的性交理論至今仍能巧妙地使用，並且使我們的性生活充滿生趣，我們不禁要佩服古代人性知識的深奧。

接觸→壓迫→摩擦→一體化，才是完整的擁抱

『迦摩須多羅』還介紹了另外兩種擁抱方式，那就是「像混合小米和大米般地擁抱」以及「像混合牛奶和水般地親密接觸」。

可惜我並不很瞭解古印度人的飲食習慣，所以無法斷定這兩種比喻的真正意義。但是從『迦摩須多羅』同一章中的敍述來看，所謂「小米和大米的擁抱」，應該是一種男女手腳互相纏繞，並且藉活動身體來提高密接感的愛撫法。

小米和大米混合時，小米還是小米的形狀，大米還是大米的形狀。也就是說兩者在互相摩擦之後，既不會起化學變化，也不會彼此融合。這兩種穀物都是人類主要的食糧，而將它換作男女的肌膚相「摩擦」，必能大幅地增加接觸感。

將男女比喻做米，這是相當富有想像力的表現。同樣的「混合牛奶和水」，我想是因為牛奶和水能夠完全地融合，所以藉此來說明這種方法，是以擁抱使男女的肉體與心靈合而為一，彼此緊密地結合。

同一章中有一段這樣的敍述「強烈的性慾使我忘卻了自己，即使粉身碎骨亦不在乎，強烈的擁抱使彼此彷彿融入到對方的體內。」

書中還進一步介紹了女性坐在男性膝蓋上，男性環著女性的腰兩人彼此面對的姿勢，以及彼此相對橫臥的姿勢。並且還附記著「二人的擁抱如水乳交融般地甘美調和」。

由此可看出這種藉著身體緊密接觸的愛撫方式，又可以分為「接觸」「壓迫」「摩擦」三步驟以達到「身心合一」的境界。我想經由前面關於姿勢和身體動作的具體敍述，你應該會有相當程度的瞭解。

性交是彼此肌膚的接觸開始，而使男性和女性都得到充分的滿足為止。『迦摩須多羅』豐富地記載了許多具體的方法，而一直流傳至今。

此外，由於這本書打破性的禁忌直接地肯定性需求，並且以科學的方法積極地追求性交的樂趣，使得這部性典不但得到很高的評價，並且至今仍生生不息地傳頌著。

牽引腰部會使女性更快地燃起興奮

在這個單元的最後我想給各位一個建議。那就是男性抱著女性以提高密接感時，可以將手環著女性的腰並且用力地將她往上抬。這種方法不管是站著或是躺著時候都可以使用。

環繞腰部的手用力往上抬時，會刺激女性的骨盤神經。骨盤神經蔽護著女性的內性器，這裡被刺激時會使女性產生性興奮，再加上通過神經纖維的自律神經也同時被刺激到，所以更增加了愛撫的效果。

自律神經直接控制著感情，刺激這裡女性便會強烈地意識到「我正被他擁抱、被他撫摸」。而這種意識會喚起女性特有並且難以言喻的幸福感和滿足感，進而產生心蕩神馳的性興奮。

但是，要藉著身體的密接以及環抱著腰部使女性感到滿足，進而使性興奮提高，其前題就是對方必須是她非常喜愛的男性。

如果被自己所不喜歡的男性抱著，或是在擁擠的車廂中與陌生的男性身體接觸、彼此推擠，女性非但不會產生那種感覺，還會引起她的不悅感。

女性的感覺就是如此地直接，同時女性的性交也常受纖細的精神層面所支配。因此彼此相愛的男女在上床時，為了使女性心理上得到滿足，在愛撫性感帶之前，必須先讓肌膚做緊密的接觸。

女性的意識可以和子宮的感覺互相呼應，所以性交時絕對不可忽視女性這種特有的感覺。『迦摩須多羅』很清楚地看出了這一點，所以書中指導了我們許多掌握子宮感覺的愛撫技巧。

【學習印度性典中提高愛撫效果的方法】

■分辨插入後女性快感程度的方法(2)

【高潮之前的反應】

※女性會變得渾身無力，雙眼緊閉著並且完全拋卻了羞恥心。此時陰莖不太容易拔出。

→俗語說「陰道夾住陰莖」，是因為血液量的增加使陰道膨脹，所以勒緊了陰莖。前面所說的「陰莖不太容易拔出」，也是同樣的道理。

※女性在高潮之前手會顫抖、流汗，並且咬著男性。

→女性全身微微地冒汗，便證明了她已接近高潮。在確認這種反應之後，再進行最後的衝刺。

【高潮期的反應】

※陰莖頂到陰道的某些部位時，女性的眼睛會翻轉。

→這也就是所謂「翻白眼」的狀態。女性在達到高潮時，會將所有的性興奮完全地解放，因為全身的肌肉驟然舒緩，所以產生了眼睛翻轉的現象。

※達到高潮時，女性會說著囈語並且無由地流淚。

→達到高潮的瞬間，全身充滿著強烈的快感，影響了淚腺的控制能力，所以流出了眼淚。極度興奮時會流淚也是同樣的道理。

【前戲的技巧30】將大腿置於女性的大腿間，性器相對地互相摩擦

男女面對面地側臥，彼此將大腿交疊於對方的大腿上

迦摩須多羅「擁抱」

用大腿來愛撫大腿

某位花花公子告訴我，最容易讓女性有感覺的就是和她跳「三貼」。這種舞就是將自己的腿置於女性的雙腿之間，而以大腿去擠壓女性的大腿。這樣的跳法會讓女性有感覺實在不足為奇。

本來這僅是一種花花公子才會的技巧，但是熱戀中的男女亦可以這麼去做。『迦摩須多羅』在「擁抱」這章中如此寫著：

《男女面對面緊密地橫臥著，彼此將一隻大腿或是整雙大腿置於對方的大腿上，略微施力地交疊著。這叫做側腿交疊法。》

將大腿置於對方大腿上，無非是為了使彼此的肌膚多一些接觸，而進一步地交疊大腿，則是要藉著壓迫來提高接觸感。

前面我們介紹擁抱的方法時，曾提到第二個方法為「好像爬樹一般地緊抱著」，這種身

體的接觸方式，也可以說明作「將一隻腳壓住對方的一隻腳，另一隻腳則置於對方的大腿間，彼此纏繞」。也就是說不僅上半身緊密地接觸，下半身亦緊密接觸的話，接觸的面積會更為廣大。接觸面積一廣，兩人的一體感也會跟著提高，所以不要光用手環抱著，而應該再加上下半身的緊密接觸，才是最好的作法。

此外，張開腿壓住女性的大腿並且互相纏繞，這本身就是一個很好的愛撫。大致上身體之中被接觸時會覺得癢的部位，感覺都相當敏銳並且極易感受到快感，而大腿根部一直到大腿內側，就是最具代表性的部位。

從鼠蹊部到大腿內側的這個區域，集中了各種的血管，這裡也算是身體的重要部位之一。因此，為了防禦外來的攻擊，這裡血管中的血管神經特別地粗，並且感覺接收體也相當地密集。對女性來說，因為這裡距離性器很近，屬於「會令女性害羞的部位」，所以愛撫這裡女性當然會有感覺。

此外，大腿是個肌肉發達的場所，而這裡的肌肉正連接著外陰部，所以擠壓大腿刺激肌肉時，會直接傳至性器。對大腿的愛撫可以分為刺激皮膚敏銳感覺的「撫摸」以及刺激肌肉的「擠壓」等兩種方法。也就是說愛撫大腿的秘訣就在於「撫摸擠壓」。

由下而上撫摸時用較強的力、由上而下撫摸時用較弱的力

如果照著下述的大腿愛撫技巧去做的話，效果更好。

由大腦生理學來看，對快感有知覺的，不是性感帶也不是性器，而是大腦。換句話說，女性的大腿被撫摸和擠壓時，這種感覺會經由神經傳至大腦，而由「大腦邊緣線路」來接收。

瞭解了這樣的構造後，自然而然地你便能體會用怎樣的愛撫方法會使快感更有效地傳入大腦中。也就是說，在愛撫大腿時，向性器方向撫摸時用較強的力量，相反的，向著腳掌方向撫摸時用較弱的力量，這樣女性會得到更深一層的快感。

而這種方法並不僅限於男性用自己的大腿愛撫女性大腿的場合時使用，用手撫摸時或者使用嘴唇以及身體其他部位來愛撫時，亦可以應用這種方法，此外在愛撫大腿以外的部位，比如說在愛撫乳房時，由下往上摸用較強的力、由上往下摸用較弱的力，這樣也會有很好的效果。這樣的愛撫方法，給予了常會流於單調的前戲更多的變化。

『迦摩須多羅』中詳細地敍述了在擁抱之時，如何藉著大腿的接觸、交纏來進行愛撫。而這種作法很自然地會撫摸以及壓迫到女性的恥丘。

有時男性將大腿更深入地置於女性的大腿之間，結果在不知不覺間大腿便給予了外陰部愛撫。如此一來，就成為了前面所說的那個花花公子的技巧了。這種方法不僅擁抱的時候可以用，躺著接吻以及愛撫乳房時亦可以使用。一邊用手搓揉女性的乳房、一邊以大腿壓迫女性的恥丘，這樣很自然地便成為了「二點攻擊」。

【前戲的技巧31】用力地擠壓下半身，女性便能意識到陰莖的興奮

男女面對面地橫臥，以性器擠壓性器

迦摩須多羅「擁抱」

擁抱時刺激女性性器的方法

『迦摩須多羅』中有著如下的敍述。

≪男女面對面地橫臥，女性以性器擠壓男性的性器。進入狀況時女性會撲向男性，用指甲抓男性的身體，並且用口吸吮男性的肌膚。≫

這裡所謂的性器和性器的接觸，可以看作是使用陰莖的愛撫。雖然這裡是說以女性的性器擠壓男性的性器，可是並沒有必要光是由女性方面來做。以男性愛撫女性的觀點來看，男性應該更能積極地使用陰莖來擠壓。

「女性撲向男性……」以下的敍述表現了女性的興奮狀態，從女性藉此得到高度的快感看來，這也可說是男性使女性愉悅的一種愛撫法。

關於『迦摩須多羅』的這一節，我想有一些疑點是需要考慮的。那就是男女相向橫臥並且彼此擁抱時，陰莖真的能夠直接接觸到性器並且給予刺激嗎？如果正面相對地彼此擁抱時

，因為女性的恥丘會阻擋到，所以陰莖就無法碰觸到女性的性器而不能予以愛撫。

此外，如果男性的身高比女性高很多時，男性的大腿便會卡在恥丘的部位，而陰莖不就剛好頂在女性腹部了嗎？這也是一個問題所在。

在『迦摩須多羅』這部性典中，對於整個女性的性器，常簡單地寫成「性器」或「生殖器」。也就是說書中常會不詳細地寫出陰道、小陰唇、陰蒂等，我想這就是問題的關鍵所在。

那麼這裡所說的「性器」，到底是指女性性器的那一個部位呢？我想也許是指「恥骨」這個部位。這樣男女在擁抱時，陰莖便僅壓迫恥丘的部位，而不必接觸到女性的外陰部。換句話說，『迦摩須多羅』的這段敍述，便是在說明以陰莖去刺激恥骨。

女性在恥骨被愛撫時，便會期望更進一步的愛撫

從醫學方面來看，用陰莖來愛撫女性的恥骨，會出乎意料地使女性的快感提高。恥骨的旁邊，就是女性最敏感的性感帶之一陰蒂。而持續地刺激陰蒂的周邊，正可以達到一種「挑逗愛撫」的效果。所以從這點看來，進攻恥骨倒是一個不錯的策略。

此外，以愛撫的基本原則來說，對於女性柔軟的性感帶，男性便要以柔軟的嘴唇和舌頭給予輕柔的刺激，而對於較硬的性感帶，便可以用手之類的部位給予較強的刺激。所以用勃

起時硬直的陰莖去擠壓堅硬的恥骨，是相當有道理的。

這種生理上的刺激也能夠給予女性心理上的效果。擁抱時除了身體緊密地接觸之外，陰莖也與外陰部上端的恥骨緊密地接觸的話，女性會覺得有一體感，而得到精神上的滿足。男性方面亦是如此，除了陰莖會產生摩擦感和壓迫感。

男女彼此沈浸在這種感覺中，會使兩人更加地調和。所以性交不能缺少生理的刺激，更要以滿足感來充實其內容。

在陰莖愛撫恥骨時，男性將手環繞女性的腰部並且緊緊地貼著，這樣會使女性在物理上以及心理上更進一步地得到滿足。

除了在床第之間外，男女在跳舞時也會互相地貼著，並且腰部附近緊密地接觸。用這種姿勢跳舞時，不知不覺中女性的恥骨會受到刺激，而使女性產生感覺。有的男性便利用這點，使勁地壓迫下腹部使女性有感覺，進而去引誘她。

附帶一提的，女性在恥骨被愛撫時會希望得到更進一步的刺激，所以她也許會將腰部前挺，使陰莖能夠直接接觸到外性器。這時男性也應該改變姿勢，將腰部更深入女性的雙腿間，使得陰莖能愛撫到陰蒂和小陰唇。

這種方法以前在日本稱為「順水而下的木筏」，至今仍不斷地流傳著。這種將陰莖比喻作粗木棒、將女性性器比喻作河流的說法，正表現出日本人風流的個性。

女性經過這樣的刺激而逐漸亢奮，便會希望陰莖真正地插入。這時順從女性的欲望而將陰莖插入也是可以的。但是，不要忘了這不是真正的性交，而只是在愛撫而已。

為了徹底的愛撫，可以用正常位將陰莖深深地插入並且扭動腰部，使得陰莖的根部擠壓女性的恥骨，形成一種刺激。

除了恥骨之外，淺淺地插入使龜頭刺激陰道口，然後較深地插入並且活動腰部，使陰莖外側能與小陰唇互相摩擦，這樣才算是使用陰莖愛撫的最後階段。

愛撫是性交的前一階段，若要使女性徹底地亢奮的話，即使女性焦急地想結合，而開始扭動身體，你也應該控制住自己，繼續進行這樣的愛撫。要知道愛撫的精髓，便在於徹底的「挑逗」。

【前戲的技巧32】前戲的最後，用勃起的陰莖接觸女性全身

陰莖變硬了之後，男性便用它來按壓女性的乳溝、手、腋下、肩、頭等部位

迦摩須多羅「男性性交的任務」

用陰莖刺激容易癢的部位

除了使用手和口之外，男性使用全身來愛撫女性時，無疑地陰莖也可以當作一個很好的器具。當然陰莖屬於生殖器，是為了性交而存在的器官，但愛撫時靈活地運用性器的話，會有極佳的效果。

前面曾提到過在擁抱時利用陰莖來刺激恥丘。『迦摩須多羅』中，也有關於使用陰莖來愛撫的記載。

《和女性接觸時，女性會因為羞恥心而將腿合得緊緊地。此時男性為了使她雙腿張開，便必須將勃起的陰莖在她雙腿之間擠壓。對處女也是一樣的。此外，還要用陰莖按壓女性的乳溝、手、腋下、肩、頭等部位。這樣便能緊密地接觸女性的身體。》

也就是說，用勃起的陰莖按壓女性身體的各個部位，這種愛撫會帶給性經驗尚淺的女性

非常興奮的效果。性交之前先用陰莖摩擦女性的身體，也許有部分的女性會覺得沒有禁忌的。性交是源自心底的歡樂，所以最好揚棄各種的顧忌。

此外，如果對方是一個缺乏性經驗的女性，這種行為會使她恐懼的話，你可先從擁抱時極為自然地按壓她的大腿開始。

用陰莖愛撫她的身體，則要等到女性已覺得高度地興奮，而逐漸忘卻了禁忌與羞恥心時再進行，使兩人的性交過程更加地充實。但是，若想藉著陰莖的愛撫使女性得到快感的話，必須先等女性已有相當程度的快感之後，再進行這種愛撫。為了使愛撫能夠產生效果，陰莖是不能胡亂地按壓的。

女性主要的性感帶除了性器本身外，還包括了性器周邊、乳房、有體毛的部位、容易癢的部位，也就是皮膚較薄的部位、皮膚與粘膜交接的部位、或是平常不容易被外物接觸的部位，這點前面我們已反覆地說明過。而陰莖要刺激的也正是這些部位。

符合這些條件的部位包括女性的乳溝、腋下等，我們可以用勃起之後堅硬溫熱的陰莖對其按壓、摩擦。

這對男性來說，同樣也是一種具有高度快感的刺激。陰莖在按壓乳溝時，若是將乳房向中間擠壓的話，陰莖愛撫乳房的同時也會從乳房得到輕柔的刺激。

男性活動身體使陰莖摩擦，這時便會從充滿彈性的乳房傳來接觸感和壓迫感，這種快感和性交時與陰道的刺激感或是口交時來自口中的接觸感都大不相同。

勃起的陰莖會使女性產生視覺上的效果

『迦摩須多羅』還告訴我們，除了乳溝和腋下之外，還可以愛撫「手、肩、頭」等偏離性感帶的部位。

我想這麼做可能是要讓女性得到視覺上的效果。看到自己喜愛的男性勃起的陰莖就近在眼前，並且按壓著自己的身體時，即使女性平常不太會因為視覺上的刺激而產生興奮，這時大部分的女性還是會覺得更加地興奮。如果按壓的部位是乳房、腋下或者靠近性器的大腿內側的話，這種興奮就會加倍地強烈。

正在進行愛撫的男性，眼見這種愛撫使女性如此地愉悅，自己也會更加地興奮，兩人也會產生一種融和於一體的感覺。

因此，用陰莖按壓性感帶以外的部分，也會使女性產生快感。

用陰莖愛撫性感帶以外的部分，女性會有感覺的第二個原因是心理上的效果。就如同前面曾經提到的，女性抱持著想要與男性身體儘可能多一分接觸的強烈願望。

因為男性用陰莖接觸女性性器以外的部分，女性會覺得「啊！連這裡也被他的陰莖接觸過」，無形之中使得她的接觸願望得到滿足。這樣女性不僅在身體上，心理上亦會被慾火燃

燒起來。

『迦摩須多羅』為我們如此詳盡地說明了陰莖按壓性感帶以外部位的功用。一直到現在，性科學的研究還尚未確立，而遠古的印度人卻早已完全地瞭解愛撫在心理上的效果。直到今天還有不少人堅信愛撫僅限於對性器和乳房，由這點看來，現代人似乎比古印度人還要「落伍」。

對男性性器口交也是愛撫女性的方法之一

用陰莖按壓、摩擦女性的身體，會使陰莖產生摩擦以及壓迫感，有人便會擔心這樣是否還沒性交便會造成射精。尤其是有早洩現象的男性更會有這樣的顧慮。在此概略地介紹一下抑制射精的方法。

陰莖的確是男性最敏感的性感帶，但是，陰莖中因為部位的不同，對刺激的感覺也有很大的不同。

比如說皮膚較薄的龜頭感覺很敏銳。它邊緣的冠部以及下側帶狀的陰莖小帶也非常敏銳。龜頭、冠部、陰莖小帶這「快感三部位」，可以說完全承受了陰莖的快感。

相反地，陰莖的棒狀部分敏感程度相當低，而根部則非常遲鈍。性感三部位之一的龜頭，中央有尿道口，在陰莖勃起時用指尖極輕地觸摸這裡，便會產生騷癢難耐般地快感。相對地，對陰莖根部輕輕地觸摸，便幾乎沒有什麼感覺，只有勒住這裡才會有一些快感。

因此，會早洩的男性用陰莖愛撫女性時，必須先知道陰莖各部位不同的敏銳程度再進行愛撫。在陰莖置於乳溝時，要避免強烈地摩擦前端的部位，而儘可能使用根部來按壓。陰莖插入腋下時，若插入得太淺容易刺激到龜頭，所以最好深深地插入，以根部來進行愛撫。

前面所引用『迦摩須多羅』的敍述，曾提到以陰莖愛撫女性性感帶之一的嘴唇。這以普遍地愛撫女性全身的立場來看，對口部進行刺激也是相當適宜的。

嘴唇是體表中皮膚和粘膜交接的部位之一，也是一個敏感的性感帶。用溫熱的陰莖觸摸這裡，女性會產生有別於接吻的興奮感。對於尚未習慣性交的女性，可能會引起排斥的反應，但是將陰莖置於性經驗豐富的女性臉頰上滑動，或許她便會浮現出恍惚的表情。有時光是愛撫唇部會令人厭煩，不妨將陰莖逐漸導入口中，讓女性進行口交。

這樣不僅反倒會令男性覺得恍惚，也算是對女性愛撫的一種活用。女性在對男性口交時，會有「雖然不好意思，但是為了自己所深愛的男性而這麼做，使我們融合為一體」的滿足感，並且在腦中也會想像自己含著男性陰莖的淫蕩姿態。在這樣的心理狀況下女性會更加地興奮，於是這便成為了一種極好的愛撫。

如果讓女性實際地從鏡中看到自己口交的姿態，她應該會更為興奮。若是屋內已有化妝鏡或是三面鏡的話，當然就沒有必要特別準備一面鏡子。如果事先找好一個能映出兩人口交姿態的場所，那麼這些畫面自然會使她盡收眼底。一般的愛情旅館在床邊和屋頂都會裝設鏡子，不妨好好地加以利用。

對男性性器的口交不僅會給予男性物理性的快感，更會在精神上滿足他的征服慾和優越感。但是巧妙地運用技巧使女性也得到快感，這就可以稱作是一種一石二鳥的愛撫術了。

・象棋輕鬆學・品冠編號 69

1.	象棋開局精要	方長勤審校	280 元
2.	象棋中局薈萃	言穆江著	280 元
3.	象棋殘局精粹	黃大昌著	280 元
4.	象棋精巧短局	石鏞、石煉編著	280 元

・生活廣場・品冠編號 61

1.	366 天誕生星	李芳黛譯	280 元
2.	366 天誕生花與誕生石	李芳黛譯	280 元
3.	科學命相	淺野八郎著	220 元
4.	已知的他界科學	陳蒼杰譯	220 元
5.	開拓未來的他界科學	陳蒼杰譯	220 元
6.	世紀末變態心理犯罪檔案	沈永嘉譯	240 元
7.	366 天開運年鑑	林廷宇編著	230 元
8.	色彩學與你	野村順一著	230 元
9.	科學手相	淺野八郎著	230 元
10.	你也能成為戀愛高手	柯富陽編著	220 元
12.	動物測驗—人性現形	淺野八郎著	200 元
13.	愛情、幸福完全自測	淺野八郎著	200 元
14.	輕鬆攻佔女性	趙奕世編著	230 元
15.	解讀命運密碼	郭宗德著	200 元
16.	由客家了解亞洲	高木桂藏著	220 元

・血型系列・品冠編號 611

1.	A 血型與十二生肖	萬年青主編	180 元
2.	B 血型與十二生肖	萬年青主編	180 元
3.	0 血型與十二生肖	萬年青主編	180 元
4.	AB 血型與十二生肖	萬年青主編	180 元
5.	血型與十二星座	許淑瑛編著	230 元

・女醫師系列・品冠編號 62

1.	子宮內膜症	國府田清子著	200 元
2.	子宮肌瘤	黑島淳子著	200 元
3.	上班女性的壓力症候群	池下育子著	200 元
4.	漏尿、尿失禁	中田真木著	200 元
5.	高齡生產	大鷹美子著	200 元
6.	子宮癌	上坊敏子著	200 元
7.	避孕	早乙女智子著	200 元
8.	不孕症	中村春根著	200 元
9.	生理痛與生理不順	堀口雅子著	200 元

10. 更年期　野末悅子著　200元

・傳統民俗療法・品冠編號 63

1. 神奇刀療法	潘文雄著	200元
2. 神奇拍打療法	安在峰著	200元
3. 神奇拔罐療法	安在峰著	200元
4. 神奇艾灸療法	安在峰著	200元
5. 神奇貼敷療法	安在峰著	200元
6. 神奇薰洗療法	安在峰著	200元
7. 神奇耳穴療法	安在峰著	200元
8. 神奇指針療法	安在峰著	200元
9. 神奇藥酒療法	安在峰著	200元
10. 神奇藥茶療法	安在峰著	200元
11. 神奇推拿療法	張貴荷著	200元
12. 神奇止痛療法	漆 浩 著	200元
13. 神奇天然藥食物療法	李琳編著	200元
14. 神奇新穴療法	吳德華編著	200元
15. 神奇小針刀療法	韋丹主編	200元
16. 神奇刮痧療法	童佼寅主編	200元
17. 神奇氣功療法	陳坤編著	200元

・常見病藥膳調養叢書・品冠編號 631

1. 脂肪肝四季飲食	蕭守貴著	200元
2. 高血壓四季飲食	秦玖剛著	200元
3. 慢性腎炎四季飲食	魏從強著	200元
4. 高脂血症四季飲食	薛輝著	200元
5. 慢性胃炎四季飲食	馬秉祥著	200元
6. 糖尿病四季飲食	王耀獻著	200元
7. 癌症四季飲食	李忠著	200元
8. 痛風四季飲食	魯焰主編	200元
9. 肝炎四季飲食	王虹等著	200元
10. 肥胖症四季飲食	李偉等著	200元
11. 膽囊炎、膽石症四季飲食	謝春娥著	200元

・彩色圖解保健・品冠編號 64

1. 瘦身	主婦之友社	300元
2. 腰痛	主婦之友社	300元
3. 肩膀痠痛	主婦之友社	300元
4. 腰、膝、腳的疼痛	主婦之友社	300元
5. 壓力、精神疲勞	主婦之友社	300元
6. 眼睛疲勞、視力減退	主婦之友社	300元

・休閒保健叢書・品冠編號 641

1.	瘦身保健按摩術	聞慶漢主編	200 元
2.	顏面美容保健按摩術	聞慶漢主編	200 元
3.	足部保健按摩術	聞慶漢主編	200 元
4.	養生保健按摩術	聞慶漢主編	280 元
5.	頭部穴道保健術	柯富陽主編	180 元
6.	健身醫療運動處方	鄭寶田主編	230 元
7.	實用美容美體點穴術＋VCD	李芬莉主編	350 元

・心 想 事 成・品冠編號 65

1.	魔法愛情點心	結城莫拉著	120 元
2.	可愛手工飾品	結城莫拉著	120 元
3.	可愛打扮 & 髮型	結城莫拉著	120 元
4.	撲克牌算命	結城莫拉著	120 元

・健康新視野・品冠編號 651

1.	怎樣讓孩子遠離意外傷害	高溥超等主編	230 元
2.	使孩子聰明的鹼性食品	高溥超等主編	230 元
3.	食物中的降糖藥	高溥超等主編	230 元

・少 年 偵 探・品冠編號 66

1.	怪盜二十面相	（精）	江戶川亂步著	特價 189 元
2.	少年偵探團	（精）	江戶川亂步著	特價 189 元
3.	妖怪博士	（精）	江戶川亂步著	特價 189 元
4.	大金塊	（精）	江戶川亂步著	特價 230 元
5.	青銅魔人	（精）	江戶川亂步著	特價 230 元
6.	地底魔術王	（精）	江戶川亂步著	特價 230 元
7.	透明怪人	（精）	江戶川亂步著	特價 230 元
8.	怪人四十面相	（精）	江戶川亂步著	特價 230 元
9.	宇宙怪人	（精）	江戶川亂步著	特價 230 元
10.	恐怖的鐵塔王國	（精）	江戶川亂步著	特價 230 元
11.	灰色巨人	（精）	江戶川亂步著	特價 230 元
12.	海底魔術師	（精）	江戶川亂步著	特價 230 元
13.	黃金豹	（精）	江戶川亂步著	特價 230 元
14.	魔法博士	（精）	江戶川亂步著	特價 230 元
15.	馬戲怪人	（精）	江戶川亂步著	特價 230 元
16.	魔人銅鑼	（精）	江戶川亂步著	特價 230 元
17.	魔法人偶	（精）	江戶川亂步著	特價 230 元
18.	奇面城的秘密	（精）	江戶川亂步著	特價 230 元
19.	夜光人	（精）	江戶川亂步著	特價 230 元

35. 心意門秘籍	李新民編著	220 元
36. 三才門乾坤戊己功	王培生編著	220 元
37. 武式太極劍精華＋VCD	薛乃印編著	350 元
38. 楊式太極拳	傅鐘文演述	200 元
39. 陳式太極拳、劍 36 式	闞桂香編著	250 元
40. 正宗武式太極拳	薛乃印著	220 元
41. 杜元化＜太極拳正宗＞考析	王海洲等著	300 元
42. ＜珍貴版＞陳式太極拳	沈家楨著	280 元
43. 24 式太極拳＋VCD	中國國家體育總局著	350 元
44. 太極推手絕技	安在峰編著	250 元
45. 孫祿堂武學錄	孫祿堂著	300 元
46. ＜珍貴本＞陳式太極拳精選	馮志強著	280 元
47. 武當趙堡太極拳小架	鄭悟清傳授	250 元
48. 太極拳習練知識問答	邱丕相主編	220 元
49. 八法拳 八法槍	武世俊著	220 元
50. 地趟拳＋VCD	張憲政著	350 元
51. 四十八式太極拳＋DVD	楊 靜演示	400 元
52. 三十二式太極劍＋VCD	楊 靜演示	300 元
53. 隨曲就伸 中國太極拳名家對話錄	余功保著	300 元
54. 陳式太極拳五功八法十三勢	闞桂香著	200 元
55. 六合螳螂拳	劉敬儒等著	280 元
56. 古本新探華佗五禽戲	劉時榮編著	180 元
57. 陳式太極拳養生功＋VCD	陳正雷著	350 元
58. 中國循經太極拳二十四式教程	李兆生著	300 元
59. ＜珍貴本＞太極拳研究	唐豪・顧留馨著	250 元
60. 武當三豐太極拳	劉嗣傳著	300 元
61. 楊式太極拳體用圖解	崔仲三編著	400 元
62. 太極十三刀	張耀忠編著	230 元
63. 和式太極拳譜＋VCD	和有祿編著	450 元
64. 太極內功養生術	關永年著	300 元
65. 養生太極推手	黃康輝編著	280 元
66. 太極推手祕傳	安在峰編著	300 元
67. 楊少侯太極拳用架真詮	李璉編著	280 元
68. 細說陰陽相濟的太極拳	林冠澄著	350 元
69. 太極內功解祕	祝大彤編著	280 元
70. 簡易太極拳健身功	王建華著	180 元
71. 楊氏太極拳真傳	趙斌等著	380 元
72. 李子鳴傳梁式直趟八卦六十四散手掌	張全亮編著	200 元
73. 炮捶 陳式太極拳第二路	顧留馨著	330 元
74. 太極推手技擊傳真	王鳳鳴編著	300 元
75. 傳統五十八式太極劍	張楚全編著	200 元
76. 新編太極拳對練	曾乃梁編著	280 元
77. 意拳拳學	王薌齋創始	280 元
78. 心意拳練功竅要	馬琳璋著	300 元

79. 形意拳搏擊的理與法　買正虎編著　300 元
80. 拳道功法學　李玉柱編著　300 元
81. 精編陳式太極拳拳劍刀　武世俊編著　300 元
82. 現代散打　梁亞東編著　200 元
83. 形意拳械精解（上）　邸國勇編著　480 元
84. 形意拳械精解（下）　邸國勇編著　480 元
85. 楊式太極拳詮釋【理論篇】　王志遠編著　200 元
86. 楊式太極拳詮釋【練習篇】　王志遠編著　280 元
87. 中國當代太極拳精論集　余功保主編　500 元
88. 八極拳運動全書　安在峰編著　480 元
89. 陳氏太極長拳 108 式＋VCD　王振華著　350 元
90. 太極拳練架真詮　李璉著　280 元
91. 走進太極拳 太極拳初段位訓練與教學法　曾乃梁編著　300 元
92. 中國功夫操　莊昔聰編著　280 元
93. 太極心語　陳太平著　280 元
94. 楊式太極拳學練釋疑　奚桂忠著　250 元
95. 自然太極拳<81 式>　祝大彤編著　330 元
96. 陳式太極拳精義　張茂珍編著　380 元
97. 盈虛有象 中國太極拳名家對話錄　余功保編著　600 元

・彩色圖解太極武術・大展編號 102

1. 太極功夫扇　李德印編著　220 元
2. 武當太極劍　李德印編著　220 元
3. 楊式太極劍　李德印編著　220 元
4. 楊式太極刀　王志遠著　220 元
5. 二十四式太極拳（楊式）＋VCD　李德印編著　350 元
6. 三十二式太極劍（楊式）＋VCD　李德印編著　350 元
7. 四十二式太極劍＋VCD　李德印編著　350 元
8. 四十二式太極拳＋VCD　李德印編著　350 元
9. 16 式太極拳 18 式太極劍＋VCD　崔仲三著　350 元
10. 楊氏 28 式太極拳＋VCD　趙幼斌著　350 元
11. 楊式太極拳 40 式＋VCD　宗維潔編著　350 元
12. 陳式太極拳 56 式＋VCD　黃康輝等著　350 元
13. 吳式太極拳 45 式＋VCD　宗維潔編著　350 元
14. 精簡陳式太極拳 8 式、16 式　黃康輝編著　220 元
15. 精簡吳式太極拳<36 式拳架・推手>　柳恩久主編　220 元
16. 夕陽美功夫扇　李德印著　220 元
17. 綜合 48 式太極拳＋VCD　竺玉明編著　350 元
18. 32 式太極拳（四段）　宗維潔演示　220 元
19. 楊氏 37 式太極拳＋VCD　趙幼斌著　350 元
20. 楊氏 51 式太極劍＋VCD　趙幼斌著　350 元
21. 嫡傳楊家太極拳精練 28 式　傅聲遠著　220 元
22. 嫡傳楊家太極劍 51 式　傅聲遠著　220 元

・國際武術競賽套路・大展編號 103

1. 長拳　李巧玲執筆　220 元
2. 劍術　程慧琨執筆　220 元
3. 刀術　劉同為執筆　220 元
4. 槍術　張躍寧執筆　220 元
5. 棍術　殷玉柱執筆　220 元

・簡化太極拳・大展編號 104

1. 陳式太極拳十三式　陳正雷編著　200 元
2. 楊式太極拳十三式　楊振鐸編著　200 元
3. 吳式太極拳十三式　李秉慈編著　200 元
4. 武式太極拳十三式　喬松茂編著　200 元
5. 孫式太極拳十三式　孫劍雲編著　200 元
6. 趙堡太極拳十三式　王海洲編著　200 元

・導引養生功・大展編號 105

1. 疏筋壯骨功＋VCD　張廣德著　350 元
2. 導引保建功＋VCD　張廣德著　350 元
3. 頤身九段錦＋VCD　張廣德著　350 元
4. 九九還童功＋VCD　張廣德著　350 元
5. 舒心平血功＋VCD　張廣德著　350 元
6. 益氣養肺功＋VCD　張廣德著　350 元
7. 養生太極扇＋VCD　張廣德著　350 元
8. 養生太極棒＋VCD　張廣德著　350 元
9. 導引養生形體詩韻＋VCD　張廣德著　350 元
10. 四十九式經絡動功＋VCD　張廣德著　350 元

・中國當代太極拳名家名著・大展編號 106

1. 李德印太極拳規範教程　李德印著　550 元
2. 王培生吳式太極拳詮真　王培生著　500 元
3. 喬松茂武式太極拳詮真　喬松茂著　450 元
4. 孫劍雲孫式太極拳詮真　孫劍雲著　350 元
5. 王海洲趙堡太極拳詮真　王海洲著　500 元
6. 鄭琛太極拳道詮真　鄭琛著　450 元
7. 沈壽太極拳文集　沈壽著　630 元

・古代健身功法・大展編號 107

1. 練功十八法　蕭凌編著　200 元

2.	十段錦運動	劉時榮編著	180 元
3.	二十八式長壽健身操	劉時榮著	180 元
4.	三十二式太極雙扇	劉時榮著	160 元
5.	龍形九勢健身法	武世俊著	180 元

・太極跤/格鬥八極系列・大展編號 108

1.	太極防身術	郭慎著	300 元
2.	擒拿術	郭慎著	280 元
3.	中國式摔角	郭慎著	350 元
11.	格鬥八極拳之小八極<全組手篇>	鄭朝烜著	250 元

・輕鬆學武術・大展編號 109

1.	二十四式太極拳(附 VCD)	王飛編著	250 元
2.	四十二式太極拳(附 VCD)	王飛編著	250 元
3.	八式十六式太極拳(附 VCD)	曾天雪編著	250 元
4.	三十二式太極劍(附 VCD)	秦子來編著	250 元
5.	四十二式太極劍(附 VCD)	王飛編著	250 元
6.	二十八式木蘭拳(附 VCD)	秦子來編著	250 元
7.	三十八式木蘭扇(附 VCD)	秦子來編著	250 元
8.	四十八式木蘭劍(附 VCD)	秦子來編著	250 元

・原地太極拳系列・大展編號 11

1.	原地綜合太極拳 24 式	胡啟賢創編	220 元
2.	原地活步太極拳 42 式	胡啟賢創編	200 元
3.	原地簡化太極拳 24 式	胡啟賢創編	200 元
4.	原地太極拳 12 式	胡啟賢創編	200 元
5.	原地青少年太極拳 22 式	胡啟賢創編	220 元
6.	原地兒童太極拳 10 捶 16 式	胡啟賢創編	180 元

・名師出高徒・大展編號 111

1.	武術基本功與基本動作	劉玉萍編著	200 元
2.	長拳入門與精進	吳彬等著	220 元
3.	劍術刀術入門與精進	楊柏龍等著	220 元
4.	棍術、槍術入門與精進	邱丕相編著	220 元
5.	南拳入門與精進	朱瑞琪編著	220 元
6.	散手入門與精進	張山等著	220 元
7.	太極拳入門與精進	李德印編著	280 元
8.	太極推手入門與精進	田金龍編著	220 元

・少林功夫・ 大展編號 115

1.	少林打擂秘訣	德虔、素法編著	300 元
2.	少林三大名拳 炮拳、大洪拳、六合拳	門惠豐等著	200 元
3.	少林三絕 氣功、點穴、擒拿	德虔編著	300 元
4.	少林怪兵器秘傳	素法等著	250 元
5.	少林護身暗器秘傳	素法等著	220 元
6.	少林金剛硬氣功	楊維編著	250 元
7.	少林棍法大全	德虔、素法編著	250 元
8.	少林看家拳	德虔、素法編著	250 元
9.	少林正宗七十二藝	德虔、素法編著	280 元
10.	少林瘋魔棍闡宗	馬德著	250 元
11.	少林正宗太祖拳法	高翔著	280 元
12.	少林拳技擊入門	劉世君編著	220 元
13.	少林十路鎮山拳	吳景川主編	300 元
14.	少林氣功祕集	釋德虔編著	220 元
15.	少林十大武藝	吳景川主編	450 元
16.	少林飛龍拳	劉世君著	200 元
17.	少林武術理論	徐勤燕等著	200 元
18.	少林武術基本功	徐勤燕編著	200 元
19.	少林拳	徐勤燕編著	230 元
20..	少林羅漢拳絕技 拳功卷	高翔主編	230 元
21.	少林羅漢拳絕技 實戰卷	高翔主編	250 元
22.	少林常用器械	徐勤燕編著	230 元
23.	少林拳對練	徐勤燕編著	200 元
24.	少林器械對練	徐勤燕編著	200 元
25.	嵩山俞派金剛門少林強身內功	李良根著	220 元

・迷蹤拳系列・ 大展編號 116

1.	迷蹤拳（一）＋VCD	李玉川編著	350 元
2.	迷蹤拳（二）＋VCD	李玉川編著	350 元
3.	迷蹤拳（三）	李玉川編著	250 元
4.	迷蹤拳（四）＋VCD	李玉川編著	580 元
5.	迷蹤拳（五）	李玉川編著	250 元
6.	迷蹤拳（六）	李玉川編著	300 元
7.	迷蹤拳（七）	李玉川編著	300 元
8.	迷蹤拳（八）	李玉川編著	300 元

・截拳道入門・ 大展編號 117

1.	截拳道手擊技法	舒建臣編著	230 元
2.	截拳道腳踢技法	舒建臣編著	230 元
3.	截拳道擒跌技法	舒建臣編著	230 元

7. 易學的思維　傅雲龍等著　250 元
8. 周易與易圖　李申著　250 元
9. 中國佛教與周易　王仲堯著　350 元
10. 易學與儒學　任俊華著　350 元
11. 易學與道教符號揭秘　詹石窗著　350 元
12. 易傳通論　王博著　250 元
13. 談古論今說周易　龐鈺龍著　280 元
14. 易學與史學　吳懷祺著　230 元
15. 易學與天文學　盧央著　230 元
16. 易學與生態環境　楊文衡著　230 元
17. 易學與中國傳統醫學　蕭漢明著　280 元
18. 易學與人文　羅熾等著　280 元
19. 易學與數學奧林匹克　歐陽維誠著　280 元

・神　算　大　師・大展編號 123

1. 劉伯溫神算兵法　應涵編著　280 元
2. 姜太公神算兵法　應涵編著　280 元
3. 鬼谷子神算兵法　應涵編著　280 元
4. 諸葛亮神算兵法　應涵編著　280 元

・鑑　往　知　來・大展編號 124

1. 《三國志》給現代人的啟示　陳羲主編　220 元
2. 《史記》給現代人的啟示　陳羲主編　220 元
3. 《論語》給現代人的啟示　陳羲主編　220 元
4. 《孫子》給現代人的啟示　陳羲主編　220 元
5. 《唐詩選》給現代人的啟示　陳羲主編　220 元
6. 《菜根譚》給現代人的啟示　陳羲主編　220 元
7. 《百戰奇略》給現代人的啟示　陳羲主編　250 元

・秘傳占卜系列・大展編號 14

1. 手相術　淺野八郎著　180 元
2. 人相術　淺野八郎著　180 元
3. 西洋占星術　淺野八郎著　180 元
4. 中國神奇占卜　淺野八郎著　150 元
7. 法國式血型學　淺野八郎著　150 元
8. 靈感、符咒學　淺野八郎著　150 元
10. ESP 超能力占卜　淺野八郎著　150 元
11. 猶太數的秘術　淺野八郎著　150 元
13. 塔羅牌預言秘法　淺野八郎著　200 元

國家圖書館出版品預行編目資料

夫妻前戲的技巧 / 笠井寬司著，陳蒼杰譯，
--初版--臺北市， 大展， 民86
面； 21公分 --（家庭醫學保健；6）
ISBN 978-957-557-692-9 （平裝）
1. 性知識
429.1 86001810

原書名：前戲の技術
原著作者：笠井寛司©Kamji Kasai 1988
原出版社：株式会社 ごま書房
版權仲介：宏儒企業有限公司

夫妻前戲的技巧

ISBN 978-957-557-692-9

原著者／笠井寬司
編譯者／陳 蒼 杰
發行人／蔡 森 明
出版者／大展出版社有限公司
社 址／台北市北投區（石牌）致遠一路2段12巷1號
電 話／(02) 28236031・28236033・28233123
傳 真／(02) 28272069
郵政劃撥／01669551
網 址／www.dah-jaan.com.tw
E-mail／service@dah-jaan.com.tw
登記證／局版臺業字第2171號
承印者／國順文具印刷行
裝 訂／建鑫裝訂有限公司
排版者／千兵企業有限公司
初版1刷／1997年（民86年） 3月
初版3刷／2009年（民98年） 2月
定價／200元

大展好書　好書大展
品嘗好書　冠群可期

大展好書　好書大展
品嘗好書　冠群可期